青少年情绪：行为问题、家庭功能、认知性情绪调节策略及其关系研究

王 丹◎著

吉林出版集团股份有限公司

图书在版编目（CIP）数据

青少年情绪 ：行为问题、家庭功能、认知性情绪调节策略及其关系研究 / 王丹著. — 长春 ：吉林出版集团股份有限公司，2023.8

ISBN 978-7-5731-4010-4

Ⅰ．①青… Ⅱ．①王… Ⅲ．①青少年心理学 Ⅳ．①B844.2

中国国家版本馆 CIP 数据核字（2023）第 151834 号

青少年情绪 ：行为问题、家庭功能、认知性情绪调节策略及其关系研究

QING SHAO NIAN QINGXU XINGWEI WENTI JIATING GONGNENG RENZHIXING QINGXU TIAOJIE CELÜE JIQI GUANXI YANJIU

著　者	王　丹
出版策划	崔文辉
责任编辑	刘　洋
封面设计	文　一
出　版	吉林出版集团股份有限公司
	（长春市福祉大路 5788 号，邮政编码：130118）
发　行	吉林出版集团译文图书经营有限公司
	（http：//shop34896900.taobao.com）
电　话	总编办：0431-81629909　营销部：0431-81629880/81629900
印　刷	廊坊市广阳区九洲印刷厂
开　本	710mm×1000mm　　1/16
字　数	236 千字
印　张	11
版　次	2023 年 8 月第 1 版
印　次	2023 年 8 月第 1 次印刷
书　号	ISBN 978-7-5731-4010-4
定　价	78.00 元

如发现印装质量问题，影响阅读，请与印刷厂联系调换。电话 0316-2803040

前　言

　　细观近些年的社会事件，可以发现大多数的事件都与情绪有关，都是由于不适当的情绪表达或是应对技巧的缺乏，而造成令人遗憾的结果。例如，某知名大学的研究所学生因情感问题而置同窗于死地，最后自己也难逃法网，身陷囹圄。其他诸如学生因功课压力过大而跳楼，情侣因感情不顺先伤人后自伤，朋友也可能因小事而翻脸，父母子女不和而彼此伤害或是虐待甚至致死的案例也偶有发生。

　　面对这种现象，笔者身为教育工作者，更有感"情绪管理"相关课程的重要性与必要性。长久以来，在学校教育中强调智育胜于情意教育、重视学科成绩多于操行成绩，别说学生不知道如何处理自己的情绪困扰与相关问题，即使身为人师而无法管理自己的情绪者亦不在少数。因此，作为咨商辅导工作的学习者与工作者，希望能以较生活化的例子来说明"情绪"的相关理论，并提供较具体的方法给读者做参考，更重要的是能够协助读者更了解自己，知道自己的情绪变化与来龙去脉，因而更能掌握自己，发挥最大的潜能，缔造更美好的生命。

目　录

第一章 青少年心理发展特点

第一节 关于心理健康

每个人都希望自己是一个健康的人，健康和幸福常常联系在一起。但说到健康，不少人只关注身体方面，认为身体没有疾病就是健康了，忽略了心理健康。在社会快速发展的今天，人们的物质生活虽然越来越好了，但人们的心理问题却越来越多了。

实际上人体本是生理与心理的统一体，健康不仅指生理健康，心理健康也非常重要。就像一个残疾的人身体不灵便，只要心理健康也可以过上幸福的生活；但一个四肢健全的人若整天焦虑烦恼，过度郁闷，不但他自己会生活得痛苦，还会殃及家人、朋友。

世界卫生组织提出，健康是指躯体健康、心理健康、社会适应良好和道德健康等，其中心理健康的意义尤为重要。

我们要做心理健康的人，就要了解心理健康的标准。心理健康并没有一个统一的、规范的标准。因为不同的人的心理健康状况可能会以不同的方式表现出来，就是同一个人在不同时期其心理健康的状况也可能是不同的。

目前，人们普遍认可和广泛引用的是美国心理学家马斯洛和米特尔曼提出的十条心理健康标准：①有足够的自我安全感；②能充分地了解自己，并能对自己的能力做出适度的评价；③生活理想切合实际；④不脱离周围现实环境；⑤能保持人格的完整与和谐；⑥善于从经验中学习；⑦能保持良好的人际关系；⑧能适度地发泄情绪和控制情绪；⑨在符合集体要求的前提下，能有限度地发挥个性；⑩在不违背社会规范的前提下，能恰当地满足个人的基本要求。

衡量这些标准时不能绝对化，不是完全达到上述标准的人才算心理健康。所谓心理健康的人，是在一定程度上符合上述大部分的标准，而不是完全符合，况且也不可能完全符合。如果有某些条件轻微不符，但这个人的社会功能和人格特征完好，仍属正常范畴。如果不符合的项目过多，程度也较重，就不再属于心理健康了，有可能是患有心理疾病。

一个心理健康的人有时也会出现一些不良症状，如注意力不集中、失眠、忧虑、紧张、不自信、内疚、自责等，出现了这些症状不代表他有心理疾病，只有当他同时具有多种症状并且持续时间长、日趋严重，甚至影响了生活时，才可能患有心理疾病，需要进行心理咨询或治疗。

根据我国青少年身心发展的特点，我国青少年心理健康应具备的条件如下。

①智力发育正常。指智力发展水平与实际年龄相称。若智力发展水平落后于实际年龄，属于心理发育异常，会伴有适应能力低下、学习困难等。

②稳定的情绪。心理健康的青少年，他们的情绪体验方面积极乐观、向上进取占优势，虽然也会有失败、挫折、困惑等消极情绪出现，但他们能适度地表达和控制，持续时间不会太久，情绪相对稳定。

③能正确评价自己。对自己有充分的了解，清楚自己存在的价值，对自己感到满意，各方面不断进取，并积极发扬优点，努力完善自己，能自觉克服自己的缺点，对未来有理想，有信心。

④人际关系良好。懂得尊重他人、理解他人，善于学习他人长处，能用友善、宽容的态度与人相处。在集体中威望高，生活充实，被人尊重和信任。

⑤人格稳定协调。人格是一个人整体的精神面貌。心理健康的人有健全的人格，有相对稳定的情绪、坚定的毅力、灵活的应变能力、强烈的责任感和良好的自制力。

⑥热爱生活。心理健康的人能深切地感受生活的美好和乐趣，对未来有美好的憧憬，能充分发挥自己的各方面潜能，遇到挫折和失败也会坚定信心，积极面对，能适应各种不同的社会环境和人际关系。

了解青少年心理健康的标准，可以帮助青少年朋友更好地判断自己哪些方面状态好，哪些方面状态不佳，从而有针对性地进行自我调节，有效地排除内心的干扰和冲突；也可以帮助老师、家长及关注青少年成长的朋友们有针对性地对青少年进行心理健康辅导，呵护他们的心灵成长。

第二节　青少年的成长

青少年期的年龄界定。根据世界卫生组织对温带地区青少年的界定，青少年的年龄为 10 ～ 20 岁。一般 10 ～ 15 岁称为少年期，是小学至初中的学习阶段；15~20 岁称为青年初期，是高中的学习阶段；10 ～ 20 岁可称为青少年期或青春发育期。

青春期到来的早晚没有统一标准的年龄界定，因为每个人的遗传因素、生长环境、接受媒体刺激、营养健康状况等个体差异较大，有时可相差 2 ～ 4 岁。青少年期是人生的一个重要阶段，它就像一座桥梁，是一个人从儿童发展到成人的过渡期。

一、青少年身心发展的特点

青少年期是人的身体、心理大发展的时期。这个时期，随着青少年生理上逐渐走向成熟，从外表看他像长成大人了，但稚气未脱的他们在经济、生活、感情等方面还依赖于父母，不能独立；在心理上他们有了独立的意识，这种身心发展的快速不协调性给青少年带来了许多困惑，使他们处于变化、不稳定、矛盾、半成熟、半幼稚的状态。由于这种变化和不稳定，这个时期青少年对自身变化的适应、对外界环境的适应是非常困难的，心理学上说这是困难时期，也是危险时期，是心理上最容易出现问题的时期。在这个过程中青少年会不断斗争，慢慢地变得成熟，形成自己的理想、人格、价值观、能力等，也是人格形成的关键期。

二、青春期的巨大变化

1. 身体方面的发展

青少年时期是身体发生巨大变化的时期，身体发展变化的幅度仅次于婴儿期。在青春期到来时，青少年的身体和心理呈现快速发展，表现为肌肉、骨骼等组织全面地急剧成长，生殖系统成熟，第二性征逐渐显露。

青少年期出现了性成熟。人刚出生时性别的区别主要靠生殖器，称之为第一性征。到了青春期，由于性激素的分泌，第二性征开始发育，女孩乳房隆起，臀部增厚，身上的脂肪增多，身体变得柔软而富有弹性；男孩开始长胡须，长喉结，身体变得健壮魁梧。这时候出现变声，男孩声音变得粗沉，女孩声音变得清脆。随着身体的发育，青少年必须适应发展中的新自我，同时还应适应别人对于他的新形象所表现出的反应。由于身心方面不一定能平衡发展，他会产生不稳定的现象，在"幼稚"与"成熟"上有大幅度的波动。

2. 心理方面的发展

青春期是智力、思维大发展的时期。智力的核心是思维能力的发展，是从具体形象思维向抽象逻辑思维过渡。思维能力有五个品质，即思维的深度、广度、独立性、批判性、灵活性。跟以前相比，青春期变化最突出的就是思维的独立性。青少年开始有独立的思考，特别愿意发表自己的见解，不愿意受旁人的左右，独立意识增强了。同时他们的批判性也增强了，他们开始用批判的眼光去看周围的一切，不再满意专门听家长和老师的吩咐了。这是一个过程，是开始脱离父母呵护的过程，是青少年成人化、社会化的过程。自然，他们看问题也会有片面性，有偏颇，走极端，需要成人适当地引导。

情绪情感的发展。由于社会生活的多元化和丰富化，青少年内心感受变得很丰富，但他们内心缺乏和谐感，容易受到各种矛盾冲突的困扰，情绪出现两极化，一方面热情奔放，另一方面又脆弱、易波动，像疾风暴雨般变化无常。尤其是面对他们的身心变化，青少年会感到措手不及、彷徨、焦虑、抑郁。

3. 人际交往的特点

以往青少年多是跟老师、父母的关系密切。青少年时期同伴关系重于和父母、老师的关系。这个时期朋友对他们特别重要，而且互相影响。从穿衣戴帽到追星都互相影响。因为同龄人的关系是极其平等的，走入群体中，他们必须懂得以爱心换爱心、以尊重获得别人对他的尊重。青少年之间做好朋友是没有功利的，只要心心相印，有共同的爱好，你跟我好我也跟你好。这种平等的关系让青少年懂得不能自私，不能以自我为中心，懂得要关心别人，懂得要守时守信，要具有乐群性。

异性交往是他们社会化过程中的重要一课，青少年男女只有在互相交往中才能找到各自的感觉。他们之间的交往是知识的互补、能力的互补、性格的互补，是补偿性质的成长，是成长的过程。

人际交往是青少年成长过程中的一种体验。体验是必须要进行的，青少年并不是在说教中长大的，而是在体验中长大的。

4. 青少年的理想和前途

青少年成长的核心问题是理想和前途的问题。性教育的问题不是核心，它只是一个人身心成长的一个方面，而一个人在社会中要成为什么样的人才是最核心的。理想和前途的问题解决得好，青少年就能建立积极的自我和明确的目标，然后朝着这个目标努力前行。

一般情况下，经过一段心理上的困惑和矛盾，青少年会渐渐明确自己要走什么样的路，做什么样的人，这时他们突然变得懂事了，责任心强了，开始努力地学习，变得不浮躁，不追求表面的东西，开始慢慢地修身养性，这是发展顺利的情况。如果青少年成长得不顺利，他们在青春期就是一个混乱的状态，甚至是消极的样子，表现为生活上没有目标，内心惶然，在他们以后的人生道路上，这种混乱状态会始终存在。所以说青少年的核心问题是明确理想和前途的问题。

青少年时期许多的选择、决定及其形成的心理品质、个性倾向对其一生都会产生深远的影响。如果我们能防患于未然，让青少年树立理想，让他们有人生的目标，他们就会有抗拒诱惑的能力。

第三节 青少年心理健康的重要意义

一、保证个体的智力正常发挥，高效地学习

有研究表明，心理健康的青少年，其大脑皮层神经活动的灵活性、强度和平衡性都比较强，这使青少年在学习过程中有强烈的求知欲和探索的兴趣，呈现出较强的分析和综合问题的能力，在认识活动和实践活动中，他们智力结构的各要素都能积极协调地参与，并正常地发挥作用。同时，健康良好的心态，会让青少年常常感到心情愉快，有充分的安全感，这易于在其大脑皮层中形成优势兴奋中心，有利于增强记忆、活跃思维，充分调动各种潜能全身心投入、高效地学习，并意志坚定，积极主动克服在学习中遇到的各种困难和挫折，以取得理想的成绩。

二、促进个体建立和谐的人际关系，更好地适应生活

心理健康的青少年多是乐于与人交往的人，他们有稳定而广泛的人际关系，有可以交心的朋友，在交往中他们有自知之明，不卑不亢，保持着完整而独立的人格，既能客观地评价自己和别人，取长补短，又宽以待人，乐于助人，良好的心理促进他们建立良好和谐的人际关系。这种良好和谐的人际关系，促使青少年心情舒畅，能够高效地学习。

心理健康的青少年，能与自己所处的社会环境保持良好的接触，他们对学校、社会的现状有比较清晰的正确认识。随着环境的变化，他们能主动地进行自我调节，思想和行为能与时俱进。无论环境怎么变化，他们都能很快地在新环境中找到自己的朋友，建立新的友谊，开拓新的生活空间，产生新的归属感和满足感，更好地适应新的生活。

三、使人保持良好的情绪，促进身体健康

心理健康的人经常处于轻松、稳定和快乐的状态中，善于适度地表达和控制情绪。具有不良情绪和心理会导致各种身心疾病，如经常受紧张、抑郁和焦虑等消极情绪困扰的人，可导致大脑皮层兴奋与抑制功能失调，从而使机体的内分泌功能发生紊乱，免疫功能受到抑制，这样人体内潜伏的恶性细胞会被激发或增生，诱发癌症。青少年中常见的消化性溃疡、紧张性头痛、心律失常、月经不调和神经性皮炎等疾病都与不良情绪有关，拥有良好的心理能缓解压力，预防心理疾病，促进身体健康。

第四节　青少年产生不良心理和情绪的主要原因

目前，青少年心理健康状况不容乐观，许多青少年存在不同程度的心理问题。这些不良的心理不仅直接影响着青少年优良品德的形成，影响着青少年对知识的学习和能力的提高，还直接影响着青少年人格的健全发展和潜能的开发。青少年心理健康状况是极为复杂的、动态的，影响青少年心理健康的因素主要有以下四方面：

一、个人因素

青少年正值青春期，是人生中最美好的时期，这个时期的变化、矛盾、不稳定的身心发展特点使青少年极易产生心理困扰。

生理方面，青少年身高、体貌等外形显著变化，发展速度加快，随着第二性征的出现，女孩子长成了亭亭玉立的少女，男孩子长成了挺拔英俊的男子汉；这时期他们的大脑神经系统日趋完善，内脏功能越发健全，青少年的弹跳力、爆发力、协调能力、柔韧性都是最好的时期。可以说，青少年生理发展已经达到了成熟期。

心理方面，青少年的心理滞后于身体的发展，处于半成熟状态。

首先，青少年心理品质发展不平衡。随着青少年身体的成熟，他们产生了大量类似成人的新需要，开始追求独立，希望有自己独立的空间，讨厌别人的干涉、监督。但经济上、心理上他们还必须依赖成人，这就产生了独立与依赖的矛盾。随着青少年成人感、独立感、自我意识日趋增强，他们开始关注自我，很在意别人的评价，自尊心增强，但自制力相对较弱。一帆风顺时，他们有明显的优越感和盲目自信；一旦遇到困难和挫折，又会产生自卑、悲观等消极心理，这种自卑与自负的心理常交替并存。

同时，随着知识和视野的拓展、角色的增多，他们缺乏内心的和谐感，易受到矛盾冲突的困扰。生活方式的多样，使他们的心理内容丰富多彩，但他们解决复杂问题的能力和整合多样性的能力不强。

其次，青少年情绪波动较大。青少年情感丰富、多变、激荡，易出现两极性。他们一方面热情奔放，一个微笑可以使其情绪飞扬、彻夜兴奋；另一方面他们的情绪又相当脆弱，他们很渴望别人的关心和理解，又不愿意求助父母，担心有损独立人格，他们不再像儿时那样外露与直率，变得含蓄而内敛，这种心理被称为"闭锁性"。表现在他们开始有了？"内心的秘密"，不轻易向别人吐露内心，他们不愿意与父母交流，开始更多地关注同龄的朋友，在知心同伴面前会表现出开放性，但有的时候知心朋友也不是那么好遇的，因而他们常常感到孤独和寂寞。

二、家庭因素

家庭是青少年成长的摇篮，是塑造其性格、意志、情感，形成健康心理的重要场所。父母作为青少年的第一任老师，其言行、心理素质、心理健康状况、育子观念等对青少年的一生有极其重要的影响。

首先，家庭中的环境氛围、夫妻关系、亲子关系的状况对青少年的成长起着巨大的作用。如果一个青少年生长在亲情饱满、和睦友爱的家庭中，亲子之间就会保持平等、民主、彼此尊重、宽容的心态，青少年能感受到安全感和幸福感，形成良好的道德品质和行为习惯，最大限度地发挥潜能。如果一个青少年生长在父母长期敌对、争吵等关系紧张的家庭中，他的内心就会产生严重焦虑、多疑、敏感、抑郁、自卑等不良心理，常常心情压抑、情绪不稳定，会严重影响学习和生活，有的还可能导致心理疾病。

其次，家庭的结构与教育方式对青少年的影响巨大。家庭结构的完整与否是影响青少年身心健康的重要因素。如单亲家庭，由于家庭教育功能的缺损，青少年在这样的家庭环境中，容易产生自卑、孤独、恐惧、抑郁等心理；一些单亲家庭为了生计，无暇顾及青少年的感受，导致青少年性格畸形，性情暴躁，心理行为失常。家庭教育方式不当也是影响青少年心理发展的主导因素之一。随着社会人才竞争的日趋激烈，许多家长对青少年期望过高，重视青少年文化知识的学习，而忽视了青少年人格及良好心理品格的培养。教育方式上专制粗暴、强迫压制，或溺爱娇惯，或横向对比，或放任自流等。这些过分干涉、过分保护、过高期望、过严管束，或没有压力的现象，很不利于青少年身心的成长。

最后，家庭中父母的示范作用是很重要的。父母是青少年活生生的教科书，父母的身心健康状况、人格素养、对社会的责任感、待人接物的言行等会潜移默化地影响到青少年。如果父母是勤奋好学的人、尊重别人的人，青少年的品行常常很像他们，追求上进。如果父母是喜欢吃喝玩乐、不学无术，甚至不择手段损人利己的人，青少年也会耳濡目染，从小打上不健康的烙印，难以有积极进取的心理。

三、学校因素

学校是青少年学生学习、生活的主要场所，学校生活对他们的身心健康影响很大。从学校教育管理方面看，目前相当一部分的学校仍然没有摆脱应试教育的管理模式，仍以分数、升学率作为评价学生、评价老师的主要标准，好多学校分好班和差班，考试排名次，搞题海战术，采取一些违反心理健康原则的管理措施，这会造成青少年学习兴趣下降、学习主动性和创造性被扼杀，一些学生会整天处于智力超负荷的高度紧张状态，会不同程度地出现神经衰弱、失眠、记忆力减退、注意力涣散、考试焦虑、异常的学习行为与品行障碍等，有的学生会产生厌学心理，以致由厌学发展到逃学，脱离学校去寻求不正当的刺激，甚至走上犯罪道路。

同时在学校中，师生关系、同伴关系如果处理不当，会使学生的心理压抑，精神紧张、焦虑，如不及时调适，就会造成心理失调，导致心理障碍。如有的教师对学生不理解、不信任而使学生产生对抗心理，造成学生的压抑心理和攻击行为。青少年很希望自己在班级、同学间有被接纳的归属感，如果同学关系不融洽，甚至关系紧张，会使其产生孤独感。

四、社会因素

社会因素主要包括政治、经济、文化教育、社会关系等，这些因素对人的生存和发展起着决定作用。近年来，随着社会竞争的激烈和生活节奏的加快，一些青少年思想变得动荡，内心产生迷惘和困惑，因为社会生活中的种种不健康的思想、情感和行为，严重地侵害着学生的心灵。特别在当前，人与人之间的交往日益广泛，从众心理、攀比心理、浮躁心理等严重影响着青少年的人格健康。加之传媒和网络的快捷，一些不健康的、低级的文学作品及生活方式也随之涌入，让青少年很容易被诱惑……所有这些现象都会加重学生的心理负担和内心矛盾，影响其身心健康。

上述各种因素对一个人的身心健康是互相影响、综合起作用的。因此，培养青少年心理健康的观念要发挥社会、家庭、学校等多方面的合力。

第五节 青少年应对不良情绪和心理的方法

一、树立正确的人生观、世界观，明确人生的意义和目标

首先，一个人主观世界的核心就是他的人生观和世界观。青少年如果有了正确的人生观和世界观，就能对人生、对世界有一个正确的认识，并能正确地观察和分析客观事物，做到冷静地处理事物，明辨是非，自觉抵制不良思想的影响，提高抗挫折能力。同时，青少年有了正确的人生观和世界观，就有了正确的思想方法，就会注意自我心理调节，确保心理的平衡，能胸怀开阔，保持乐观的精神，有利于心理健康。

其次，青少年确定明确的人生意义和目标，也是心理健康的重要指标之一。有了明确的人生目标，青少年就会有明确的人生方向。著名的心理学家毕淑敏曾说，人生本无意义，我们必须为它确定明确的意义。因为人生的价值必须通过目标来体现和衡量，如果青少年能在不同的人生阶段确定明确、具体、恰当的人生目标，行动就有方向、有动力，会积极向上，不断进取。

二、建立合理的生活秩序

处于身体迅速发育期的青少年，成长需要消耗极大的精力和体力。为了适应这种消耗，保证健康成长，青少年要从学习、饮食、休息、运动、心理健康等方面做出适当的调整，青少年要特别注意生活习惯的养成，要把生活节奏安排得合理，有张有弛。学习时间和内容上要有计划、有条理地进行安排，每天保证饮食正常、睡眠充足，要有适当的户外运动。青少年建立了合理的生活秩序，生活会有条不紊，心态也会积极稳定，有助于发挥潜能，提高学习效率。

三、做自己情绪的主人

情绪对心理健康至关重要。青少年的情绪易激动，易狂喜暴怒，学会调节和控制自己的情绪，学会做自己情绪的主人才有利于健康和发展。调节情绪主要有以下几种方法：

（1）转移注意力法。当青少年遇到挫折、感到烦恼、情绪处于低谷时，要暂时抛开眼前的麻烦，将注意力转移到较感兴趣的活动和话题中去。多回忆自己感到快乐的事，以冲淡烦恼，从而把消极情绪转化为积极情绪。

（2）转换环境法。如外出散步、旅游参观、听音乐、看书，参加一些文娱活动等，都可以把坏情绪转移或替换掉。

（3）合理宣泄法。对待那些难以排解的情绪应该采用合理发泄的方法，如大声地哭出来。发泄情绪的方法和途径很多，除了哭、喊、诉说外，还可以通过做运动、打骂象征物的方法排解不良情绪。

（4）自我暗示法。经常给自己积极的心理暗示。如考试时可以对自己说"我准备好了，我很放松"。经常对自己进行积极的心理暗示，会让人发生巨大的改变。

（5）换位思考。转变思考问题的角度，站在对方的角度认识问题，从而找出解决问题的方法。

四、适应环境，做自主自强的人

环境对人的一生有很重要的影响，青少年处于从幼稚向成熟发展的过渡期，是一个独立与依赖、自觉与幼稚并存的时期，生存环境的变迁、时代发展的变化，让青少年无时无刻不受到影响。面对激烈的社会竞争和快节奏的生活，青少年要学会保持良好的适应状态，学会根据客观条件的需要，主动调整自己的言行，学会主动改变自己，保持平衡的心态，以适应社会环境的需要。同时，青少年要学做自主自强的人，要相信无论环境、时代如何变化，只要自立自强，就能立足于社会。

同伴交往是青少年重要的生活内容之一，学会与同伴建立和谐的人际关系也是适应环境的一个重要内容。不善交往会给青少年的心理带来极大的困扰。青少年在广泛的交往中可以感受时代的脉搏、体验友情的美好、懂得协作的重要。学会和同伴和睦相处、真诚合作，可以培养青少年良好的心理素质和交往能力。

五、寻求心理咨询

任何人在成长中都会遇到苦恼，不可能永远阳光、健康，"心理感冒"有的可能不治而愈，有的必须寻求心理辅导或心理咨询。有人对心理咨询和辅导有误解，以为有心理疾病的人才去做咨询或辅导。其实，我们每个人或多或少都存在一些心理问题。在我们内心力量还不够强大的时候，寻求心理咨询，会让自己的心灵更成熟、更协调。

人生的花季美丽多姿，可成长的烦恼也像雨丝一样缠绵不断。青少年多学习与了解一些调节不良情绪和不良心理的方法，在面对各种心理困扰时，就会给自己增强心理能量，敢于积极主动地应对。

第二章 情绪教育

看到"情绪管理"这个主题时，有些人可能会纳闷，情绪是何物？我从没思考过还不是活得好好的，为何要庸人自扰呢？更何况，即使有什么情绪，一下子就过了，正所谓"忍一时风平浪静"，又何必大费周章地去了解情绪、管理情绪呢？有些人甚至认为谈情绪有点矫情。一般人对情绪的忽略与成见由此可见一斑。然而，不可否认，情绪确实与日常生活有密切关系，短短几分钟之内我们可能就经历了气愤、失望、无奈、快乐等情绪，但是由于毫无察觉地随情绪共舞，自己常常招来意想不到的后果！

本章首先要说明情绪教育的重要性，从实际生活的需要、时代潮流以及促进个体自我实现等三个角度，探讨施行情绪教育的必要性与功能；其次则说明情绪对个人的影响，尤其强调累积或未处理的情绪对个人身心及生活等方面的影响；最后则揭示成熟情绪的意义，将其作为青少年努力追求的目标。

第一节 情绪教育的重要性

心理学家弗洛伊德（Freud）指出，学习掌握自己的情绪是成为文明人的基础。在其理论架构中，人类天生有着追寻快乐、避免痛苦与不安的本能，称为"本我"（id），循本我而产生的行为常常会不恰当，此时便会出现"超我"（superego）加以惩罚。超我就是将父母的教诲内化而成的道德感，幸而在本我与超我之间会发展出"自我"（ego）扮演调解两者的桥梁，协助个人管理情绪，使人能够以适当的方式得到心理平衡。所以情绪教育的目的就在合宜地规范个人行为，使个人能良好地掌握自己的情绪，成为名副其实的文明人，如此一来，各种人际、家庭与社会问题自然会随之减少。换言之，情绪教育在提升个体的情绪适应，使个人对于情绪变化可以有良好的自我觉察与约束，并且能适度运用理性，以免过度反应。

若粗略地将人的认知方式划分为二，则一是理性，一是感性。理性的认知是我们较熟悉，也是被训练或开发较多的部分，属于意识层面的思考；至于感性层面所指便是情绪。在人类的大脑中，情绪中枢的发展比思考中枢早发展几百万年，而实际生活中情绪却常被忽略，直到近十几年，情绪的影响力才获得学术界的研究与重视。情绪究竟对生活有何影响？为什么要重视情绪教育呢？以下将从生活实际所需、自我实现与时代趋势三个角度说明之。

一、情绪教育能回应生活中的实际需要

从一些社会事件中，可发现多数自伤、伤人的行为里面都有情绪方面的问题，诸如压力太大、极度失望、自尊心受损等。情绪困扰造成我们极大的身心压力，使我们常常无法以适当的方式处理或解决事情，因而流于太过冲动、失去理智，或是只顾其一而忽略其他，固执地以某一种僵化的角度看事情，以偏概全，做出错误的决定，因而导致令人遗憾的结局。这些属于极端"钻牛角尖"、"想不开"的例子，而生活中类似的小案例却也俯拾皆是。例如，被父母责骂，心中很不是滋味，于是生好几天的闷气；同学间意见不合、恶言相向，轻则导致两人的友情决裂，严重者则酿下暴力斗殴的火苗；学生被老师纠正，心情不佳，上起课来兴趣缺乏；情侣间对彼此期望不同而争吵误会，因而分手……这么多的例子几乎时刻都在上演，又有多少人能够停下来想一想："我是怎么了？究竟在我身上发生了什么事？"

亚里士多德曾说："问题不在情绪本身，而是情绪本身及其表现方法是否适当。"生活中大大小小的困扰之源并不在情绪，关键在于：人人必须明白"了解感觉""妥善处理情绪"的重要性，才能真正掌握自己，过着较为幸福美满的生活，这正是情绪教育的基本目标。因此，了解与觉察自己的感觉、接纳自我，进而知道如何表达感觉、疏导过度的情绪，才能够采取对自己负责、不伤害别人的行为模式生活，使社会更为祥和。否则，"情绪"就会像屋檐下的蜂窝，盘踞心中一角，看似无害、不具威胁性，一旦发威起来却令人惊慌失措、无力招架。

二、情绪教育能促进个人自我实现

过去传统的教育中多只强调智育的发展，而疏忽其他部分；在辅导的对象中也多偏重问题学生的个别处理，忽略了大部分学生的心理需求与情绪层面。许多学生可能很会念书、很会考试，却是"生活低能儿"，或人际关系不佳的"孤独儿"，或死气沉沉、对生命没有期望、缺乏热情。这些学生一旦离开校园，不再有考试，生

活便顿失所依，一片茫然。至于资质较差、学业成绩不理想的学生，在多数人只看重分数与名次的单一价值体系下，更是对生命充满愤恨以及绝望感，世界之大，却缺乏发挥潜能的舞台，遑论自我了解与自信！其共同点是心情时常郁闷却不知问题出在哪里，对自己没有信心，缺乏解决问题的能力。因此，在学习过程中加入情绪的相关课程，确实有其必要性。

情绪教育注重生活体验，能弥补只强调智育的传统教育之不足。由"情绪"的观点切入，协助个人了解自己的特质、兴趣、能力所在，既可建立正确的自尊与自我概念，使个人更有自信，亦可提升个人对挫折、冲突等情境的忍受程度与解决能力。诸多证据也显示出，情绪稳定、EQ 较高的人，在人生各个领域都较占优势，对生活的满意度也较高。因此情绪教育的最大功能便在于让每个人体验个人以及人际互动所必需的智能，提升个人的情绪成熟度，以帮助个人有足够的信心与智慧去追逐梦想、实践理想，走向自我实现的丰富生活。

三、情绪教育乃当今趋势之必然

到情绪对个人身心健康、人格成熟，以及自我发展的影响重大，倘若表现方式不当，影响层面将相当广泛。

美国早在 1960 年的情感教育运动开始，便强调"情感"在教育中的地位，近 20 年来，有关情绪教育的课程或计划普遍受到各大学及学区的重视，如"社会发展""人生技能""社会与情感课程""个人智能"，等等。加州大学圣塔芭芭拉分校设立融合教育中心，加入有关"情感"的内容于以认知为主的教育中；麻州大学设立"人性教育"，强调学生在学习过程中的感觉与态度；纽沃（Nueva）学习中心"自我科学班"的主题则是个人及人际互动中产生的感觉，所探讨的多是长期被忽略的议题。国内部分，从"德智体美劳五育并重"，到强调"素质教育"，一再反映出政策上对情绪的重视。一连串教育改革的热潮中，小班小校、减少课程分量、广开升学渠道，推荐甄试、申请入学、保送、自愿就学方案等措施，部分目的则在回应实施情绪教育相关课程时必须配合的条件。由于没有一套较细致明确的课程计划，对老师的专业培训、施行成效究竟如何尚不得而知。然而，借鉴外国，参考本土文化的特色，开设适用于本土的情绪教育课程，则是当务之急。

第二节　情绪与行为、认知

在丹尼尔·高曼（Daniel Goleman）所著的 EQ 一书中，将情绪定义为"感觉极其特有的思想、生理与心理的状态，以及相关的行为倾向"。可见情绪所涵盖的层面不只是精神层面而已，其所影响的也不只是个人感受的问题而已，还影响认知思考、行为表现。情绪、行为、认知就如同等边三角形的三个角，三者必须配合而非抗衡，才能使个人身心状态处在平衡的状态。

一、情绪与行为的关系

孩童在得不到他想要的玩具时，常会大发脾气，或哭闹、摔东西，即使是成年人，也还会有"我很生气，所以就打他"的随意发泄的情形出现，这是情绪主导行为的典型例子。正如心理学所称"情绪性行为"（emotional behavior），系指情绪因素造成行为产生变化。我们因情绪而做出的反应是学习而来，从家庭、社会文化、人际互动中，每个人学习到不同的因应方式。于是，有人难过时会大吃一顿，有人会流泪，有些则会动粗，而不论何者，都反映出情绪与行为间的关联。此外，情绪有时还担负有警告的作用，促使我们采取行动来保护自身安全，"我不知道会发生什么事，但是我心跳很快，情绪有点浮躁，好像会有危险"。这类的"第六感"或是直觉便是脑内的情绪中枢发挥作用，促使我们采取行动，有时可能救了我们一命，而有时候则只是虚惊一场。

二、情绪与认知的关系

"我实在太难过了，脑子一片空白，什么方法都想不出来。"此为情绪干扰思考、降低效率的例子。正如"情绪阻挠"（emo-tional blocking）之意，指情绪状态下，个人思考与记忆受阻，在日常生活中并不难发现类似的情形。相反的，心情好的时候，我们的思想也较活跃，常会有许多意想不到的点子，更觉得"天下无难事"，自我效能提高到什么都想试试，可见情绪对认知思考的影响。反之，认知亦会影响情绪，若个人对事物解释的方式悲观、宿命，情绪自然低落沮丧，降低自我效能，也很难让人预期有乐观的结果。

在心理治疗的临床观察中也发现，个人的认知部分如果能伴随着情绪产生，此时行为将最有可能改变，意即人们若对自己所说的、所想的东西，能够真正有感觉，则他们会变得较清楚而不混淆。原因是，这样一来个人便能够和自己的内在有所联结，会更有自信，也更有可能付诸行动。例如，来访者诉说着自己很孤单时，若他真的感受到自己的孤单，便较能够认清事实真相，而愿意采取行动来改变人际关系，改善他的孤单，这是情绪配合认知，使人产生行为改变的例子。

由情绪、认知、行为三者的关系可知，情绪的确在个人能否发挥良好功能的过程中扮演着重要的角色。现实生活中，每个人对情境的经验不同，产生的感受就不同，造成每个人建构世界的方式就不同，看事物的角度也会互异。如此一来，个人的情感经验与情绪的表达也就随之不同，即使同一句话，在不同人的耳里就会产生不同的感觉与反应。例如，老师说："要再加油！"甲生听到后可能感觉丢脸，因为自己不能符合老师的期望，所以更加自我要求；乙生可能觉得振奋，因为老师很关心他；丙生可能觉得被挑剔而生气，"我已经够努力了，还要怎么样！"，而采取自我保护的姿态。可见，个体如果不能了解自己与他人的情绪状态、有效地引导情绪、合宜地表达情感，情绪、认知与行为便会偏差或丧失功能而影响生活。

第三节　情绪的影响

情绪、行为、认知三者之间有着互相牵动的关系，情绪若适应不良必然会影响其他两者，导致个人的身心状态失去和谐，干扰个人生活。回想我们自身的状况便不难了解：很生气时常会脸红脖子粗，很难过时便很沮丧、想哭、没什么动力做事、不想说话，有罪恶感时，便想做些什么事来弥补。情绪对我们生活的影响可分下列四个层面：

一、情绪与健康

情绪可激发个体的生理反应，如肾上腺素分泌、交感神经的作用，使个人充满活力，随时准备行动。如果出现的是负向情绪，则内分泌同样会受影响，严重的话，便会分泌不正常而产生疾病。最常见的如影响肠胃，导致消化不良、胃溃疡等；影响泌尿系统，出现腹泻、便秘等；影响心脏血管，出现呼吸困难、心跳加速、血压升高、头痛等；或是影响神经系统，如神经衰弱等病症，这些皆由情绪因素所引起，可见情绪状态攸关个人健康。医学界对此已有研究证实，研究人员发现脑部与免疫系统中最活跃的化学传导物质，正好是情绪中枢中数量最多的一种物质，情绪确实直接影响着人体免疫系统；至于现代人饱受困扰的"压力"，则会促使体内释放某种激素，这些激素也会影响免疫力，如果长期面临强大压力，则可能会减弱免疫系统的能力。

二、情绪与心理状态

回想一下日常生活中的情况，你很生气，却无法将这种愤怒表达出来，在接下来的数小时甚至几天中，你能心平气和地度过吗？多数人通常会变得闷闷不乐、爱挑剔、具攻击性，觉得心中"有一股气"，快要"炸掉了"！类似的例子屡见不鲜，有时可能找人倾诉、吐吐苦水，或是解放一下、疯狂玩乐，也可能投入另一项活动以忘却一切。不论是哪一种情形，愤怒的确已"吹皱一池春水"，干扰原先的心理状态，而没有获得妥善处理或解决的情绪，便会囤积、盘踞在心里伺机而动，犹如形容人"平常不容易生气，一生气起来，就好像火山爆发一样可怕"，正是最佳写照。如果长期受到负向的情绪干扰，则可能诱发精神疾病。

三、情绪与学业、工作

长期的情绪适应不良，个人的情绪没有抒发的渠道，还有可能影响到个人的工作或学业表现。长期处在工作或学业压力之下，个人没有办法放松或转换时，便可能引发不适应的行为反应，如注意力不集中、没耐心、脾气暴躁不安，既会波及人际互动，也会影响工作或学业上的成就表现，甚至丧失工作以及学习的乐趣、失去斗志。如果接二连三地在工作或是学业表现上遭受挫折，极容易使个人丧失自信心，怀疑自我价值，行为变得畏缩或退却，出现倦怠感。

四、情绪与人际关系

情绪可以是人与人相处的润滑剂，也可以是破坏人际关系的致命杀手，如同"水能载舟亦能覆舟"的道理一般。个人困扰烦闷等负向情绪如果转移到周围的家人、朋友、同事时，一方面可能会影响人际的互动品质，危害关系；另一方面个人可能被情绪牵着鼻子走，理智完全被淹没，不幸时则出现暴力或是虐待的状况。情绪之于人际关系一如环环相扣，个人的情绪连带会影响整体关系。我们常听到的一个玩笑恰可为此情形下最好的说明：爸爸被公司主管责骂，心情忧郁，回到家发现小孩正沉迷于电动玩具中，于是大发雷霆，小孩觉得自己很倒霉，心情也不好，便走出门外，恰巧邻居的小狗经过，就故意踢它一脚，吓得小狗惊慌逃跑，追得地上的麻雀叽叽喳喳飞上天。

第四节 成熟的情绪

情绪课程的目的在于促进个人最佳发展，其具体目标则在于协助个人了解并接纳自己，了解并建立与他人的良好关系，进而发展自我责任感，促进良好的适应。换言之，情绪课程希望培养个人具备成熟的情绪，减少情绪适应不良所带来的负面影响，使每个人都能做情绪的主人，这也是本书的最终目的。从一些教学计划在评估情绪与社会学习能力的指标中，我们可以看出较健全的情绪发展的意涵。芝加哥伊利诺大学针对公立学校五年级至八年级学生，设计出"耶鲁-纽哈芬社会能力改善计划"，其评估学生学习成果的条件包括：(1)解决问题的能力获得改善；(2)和同侪能够较和谐亲密；(3)较能控制冲动；(4)个人行为有改善；(5)人际关系较佳；(6)较会纾解自己的焦虑；(7)较少犯罪；(8)较善于解决冲突的情况。

成熟的情绪是成熟的人格的必要条件之一。特质论的人格心理学家爱森克（H.J.Eysenck）提出人格三个基本层面，包含内向型—外向型、情绪稳定—不稳定、以及现实型—空想型，其中第二个层面情绪稳定—不稳定，虽然没有绝对好坏的评鉴标准，但是情绪不稳定便可视为不适应（引自惠风，1995），而情绪适应者则具有情绪稳定、对自己有信心，不常感到紧张、焦虑，也不会对现实情境做出不当的情绪反应的状态，此可视为成熟情绪的特征。张春兴（1989）在《张氏心理学辞典》中定义情绪成熟为：情绪表达不再带有幼稚的、冲动的特征；在言行举止上表达情意时，均能臻于社会规范的地步。研究情绪等相关主题的学者，也提出对成熟情绪的看法，这些都能帮助我们衡量自己的情绪成熟程度。瑞尼斯等人（Ringness, T.A., Klausmeier, H.J. & Singer, A.J., 1959）提出情绪成熟的指标有下列六项：

1. 发展出某些技巧以应付挫折情境。

2. 能重新解释自己与情绪的关系，接纳自己与情绪的关系，才不会一直自我防卫。

3. 能避免挫折并安排替代的目标。知觉某些情境会引起挫折，可以避开并找寻替代目标，以获得情绪满足。

4. 能找出方法，纾解不愉快。

5. 能认清楚各种适应机制的功能，包括幻想、退化、反抗、投射、合理化、补偿，避免成为错误的习惯，以致防卫过度，造成情绪困扰。

6. 能寻求专家的协助。

此外，索尔（Saul，L.J.，1971）也指出情绪成熟的八个特点为：

1. 独立，不依赖父母。

2. 增强责任感及工作能力，减少对外界接纳的渴望。

3. 去除自卑情结、个人主义及竞争心理。

4. 适度的社会化与教化，能与人合作，并符合个人良心。

5. 成熟的性态度，能组织幸福家庭。

6. 增进适应，避免敌意与攻击。

7. 对现实有正确的了解。

8. 具有弹性以及适应力。

情感可说是人类经验的主体，几乎无时无刻不在体验着喜、怒、哀、乐、爱、恶、欲等各种情绪。前一刻可能还心情平静，下一刻可能因为收到成绩单而开始感到紧张，至于看完成绩之后，则出现另一种情绪，可能是高兴，可能是惊讶，也可能是松了一口气，这样的经验想必不陌生。生活中类似的例子比比皆是，只是我们很少去留心在某一时刻究竟有多少情绪在我们自身流转变化，当然就更不明白情绪对我们的影响到底有多大了。

第五节　情绪教育的内涵

唐勒普（Dunlop，F.，1984）归纳情绪教育的目标在：借由提供适合的环境使每个人情感层面得以开发，最终目的则是使人能为自己负责，不使个人成为被动的情绪受害者。情绪教育应涵盖妥善疏导冲动（impulse）、采取步骤防范情绪突然爆发等任务。一言以蔽之，情绪教育的内容则是在于教导情感的语言（the language of feeling），这些语言使我们能表达自己的情绪，举凡口语语言、肢体动作、仪式皆是，这些情绪语言也使人与人之间能相互沟通。其中值得注意的情绪教育任务有：

1. 改变认知，因为认知的改变可以导致情绪随之变化。

2. 细加区分情绪。

3. 疏导情感，使成为社会可接受的形式。

4. 使情感独特化，意即情绪表达应明确，而不是失真的、肤浅的、陈腔滥调的。

5. 鼓励培养群体共同的情感，因为人不能独居。

6. 鼓励情绪自主。

第三章 情绪的相关理论

情绪在我们生活中扮演着重要的角色，日常生活的行为表现、心情起伏、身心健康、人际关系与工作表现等，都跟情绪有莫大的关联。我们如果要有效掌握情绪，首先需要对情绪有一些基本的认识，因此，本章将介绍什么是情绪、情绪的功能、特性。此外，将从理论观点来了解情绪的本质，并将进一步探讨青少年阶段的情绪发展特征。

第一节 什么是情绪

情绪是一种复杂的心理历程，其定义也随着不同的观点而有所差异。根据《张氏心理学辞典》上的定义，情绪是受到某种刺激所产生的身心激动状态，此状态包含复杂的情感性反应与生理的变化（张春兴，1989）。综合各家学者的看法，我们可以说情绪大致包括以下四个层面。

1. 生理反应：当我们经验某种情绪时，自然就会有一些生理反应产生，如心跳加快、呼吸急促、血管收缩或扩张、肌肉紧绷，还有内分泌的变化等。然而不同情绪产生的生理反应可能是类似的，如紧张、生气时会心跳加快，兴奋时也同样会心跳加快，所以单靠生理反应还是无法判断到底引发了何种情绪。

2. 心理反应：亦即个体的主观心理感受，如愉快、平和、不安、紧张、厌恶、憎恨、嫉妒等感受。

3. 认知反应：亦即个体对于引发情绪的事件或刺激情境所做的解释和判断。例如，看到别人不时直视你的眼神，你可能觉得别人对你有意思，所以心生愉悦；也可能你觉得别人不怀好意，所以变得紧张不安。

4. 行为反应：个体因情绪而表现出来的外显行为，包括语言与非语言，例如苦恼的表情，皱眉、眉开眼笑，声调高低变化，哭泣、哈哈大笑、坐立不安，或兴奋地蹦蹦跳跳或者是用言语表达，说出自己的感受或心境，如"我快被你烦死了""我好生气""我快乐得不得了""我紧张得像是热锅上的蚂蚁""我感觉好像飞上云霄""我好想放弃"……

一、情绪的功能

情绪通常被误认为是不好的，就像我们说一个人"太情绪化"，叫人家"别闹情绪好不好"，叫人家要克制情绪，还觉得不能公开表露情绪，否则就是脆弱、丢脸或不成熟，等等，其实这些都是将情绪与不好的意思联结，而让许多人误认为有情绪是不好的。然而我们真的常忽略情绪的正面意义，通过情绪，我们可以更贴近自己，并更了解自己的需求。情绪本身只是个信息，并无好坏之分，就有如天生的警示灯，可以使我们正确地因应外在情境。由此看来，情绪在我们的生活中扮演着重要的角色，如果没有情绪，生活将变得灰暗无色，一点生气都没有；不同的情绪让我们的生活更加多彩多姿，无论是喜怒哀乐也好或者是更复杂的情绪也好，其实都扮演着重要的功能。我们可以将情绪的功能大致归纳如下。

（一）生存的功能

由于生理反应与情绪密切相关，所以当我们遇到危险状况时，我们马上会有紧张害怕的感觉，同时心跳加快、呼吸急促、分泌肾上腺素……而产生"奋力对抗"或"落荒而逃"的反应，以保护自己，避开危险。例如遇到歹徒时，有人变得力量无穷，可以单手对抗歹徒；也有人变得身手矫捷，跑得特别快，赶快逃离危险情境。所以情绪可以让我们正确知觉外在情境的危险，因此产生适当的助力，帮助我们适当因应，以求生存。

（二）人际沟通的功能

人与人之间最重要的是情感的交流，情绪的表达将可以增进人际沟通。当我们有情绪时，我们才知道自己内心真正的感受，也才有机会向他人表达，以维护自己的权益或者增进彼此的情谊。

（三）动机性的功能

情绪可以促使个体采取行动，而产生的行为可以具有破坏性，也可以有建设性。例如，担心功课被"荡"掉，所以这担心就督促自己赶紧用功读书。然而如果担心过度也可能变得焦躁不安，无法静下心来好好做事，或者因为嫉妒同学人缘好，所以你就去观察他受欢迎的原因，并且学习其优点，让自己也变得更受人欢迎；当然也可以将这种嫉妒变成破坏性的，于是你就开始到处说那同学的坏话，制造谣言，想尽办法让大家讨厌他。总之，情绪是我们的动力来源之一，可以刺激我们采取各种行动以因应情境。

因此，情绪确实有其重要性，然而为何有那么多人误认为情绪是不好的呢？这除了是社会化过程的结果之外，也许从小在家就被教导"不可以生气""不可以哭""再哭就打你""男孩子有什么好怕的"……还有的也是观察学习所致，如看到别人因为表现情绪被家人师长惩罚或遭同学嘲笑的情形，或者看到他人生气或恐惧表现出失控的行为，因此，不由自主地就觉得情绪是不好的，只能表现快乐，其他的情绪都是不能被接受的。其实我们常将情绪与情绪表达混为一谈，所以才对情绪有所畏惧。真正有问题的不是情绪本身，而是情绪表达出了问题，换句话说，情绪智力的高低才是造成正负向结果之原因。所谓的情绪智力就是能够体察自己与别人的情绪，处理并运用情绪信息来指引自己的思考与行动，所以情绪智力包括情绪的评估与表达能力、情绪的调整能力与情绪的运用能力（Salovey & Mayer，1990）。后来高曼以此观点于1995年写成 EQ 一书，强调 IQ 高并不一定能成功，而成功者有一个共同点就是 EQ 高。高EQ 的人需要具备：认识自己情绪的能力、妥善处理情绪的能力、自我激励的能力、了解他人情绪的能力，以及人际关系维持的能力。因此，提升情绪智力，将可让我们更了解自己与他人，更可有效处理情绪，让我们的心理健康、人际关系、工作与人生发展有更多正向的结果。

情绪是千变万化的，葛林伯等人（Greenberg，Rice & El-liott，R.，1993）将情绪大概分为四类：原始情绪、次级情绪、工具式情绪与学得的不适应情绪。

原始情绪是个人对情境此时此刻立即性的直接反应。例如，面对威胁情境而害怕、失去亲人而悲伤，是一种本能性的反应，可以帮助个体适当行动。然而原始情绪有时会被次级情绪所掩饰，如你明明很生气，但是因为从小被教导生气是不好的，所以你反而表现出非常难过的样子，结果别人常搞不清楚你真的是在生气还是只是难过。

次级情绪是对于原始情绪与思考的次级反应，常常模糊原始情绪产生的过程，不是针对情景的情绪反应，而是原始情绪不能为个人所接受而衍生的情绪反应。例如当别人拒绝你，不想帮你的时候，你可能是很失望的、伤心的，但常常表现出来的是翻脸不认人，反过来以责备的口气跟对方说"不帮就算了，有什么了不起"，用生气来掩饰自己的受伤。

工具性情绪的表达是为了影响他人。例如，表现生气或受伤来逃避责任或控制别人，利用哭泣来博得同情或安慰，以达到某一种目的。

习得的不适应情绪原本是因为环境需要而产生的适应情绪，但环境改变之后，原有的情绪反应已经不适用，个人却仍然持续使用。例如对无害的刺激害怕，对别人的关心感到生气等，这些常常是因童年经验或在过去创伤中所学到的。

二、情绪的特性

情绪是与生俱来，是人类所共有的，无论后来衍生成哪一种情绪类型，所有的情绪都具有以下几种特性。

（一）情绪是由刺激引发的

情绪不会无缘无故地产生，必有引发的刺激。例如，遇到喜欢的人、听到优美的音乐、享受了一餐美食、享受了和煦的阳光等，都可让我们心情愉悦；反之，隔壁邻居的打骂吵闹声、拥挤的公共汽车、水沟的恶臭、看到高高一叠该准备的功课等，都会让我们烦躁不安。当然除了这些外在的人、事、物之外，还有一些其他的内在刺激也会引起情绪，如身体状态、内分泌失调等。例如，有些人因为生理急速发展或激素分泌之故，就很容易情绪不稳，而女生也常常因为月经周期的关系而导致情绪不稳，还有当我们生病时，也比较容易生气、厌烦或沮丧。此外，还有一些过去的记忆或自己的想象都是导致情绪的因素，如想到过去的伤心事就很难过或者想象自己成为班上人缘最好的人就快乐得不得了，等等。

（二）情绪是主观的经验

同样的刺激事件，对个人所引发的情绪并不一定相同，因为情绪本身是主观的经验，无法客观得知，情绪的发生常常是个人认知判断的结果，因此，情绪的内在或外在反应将会因人而异，具有相当的个别性或主观性。情绪的个别差异表现在情绪的内涵、强度与表达方式的不同。例如上课时学生讲话，有的老师可能暴跳如雷，将学生臭骂一顿；有的老师可能循循善诱，请同学认真上课；也有的老师假装没看到或者不当一回事，所以平静如水，继续专心讲课。另外，上课时讲话的学生因为被老师纠正，有人可能觉得很不好意思，有的人可能觉得没啥大不了，当然也有人可能觉得生气，觉得老师故意找他麻烦；至于其他同学，有人可能觉得司空见惯没啥情绪，有人可能就开始紧张，担心接下来会不会发生什么事情，有些人可能幸灾乐祸……总之，情绪并非全由外在刺激所决定，个人因素才是主要决定力量。当我们告诉别人"有什么好难过的呢""干吗这么生气，又没啥大不了"时，我们只是从自己的角度来看事情，却忽略当事人的主观性情绪，反而让当事人觉得被否定、不被接纳。所以当我们知晓情绪的主观性之后，就要学习尊重个人不同的情绪感受。

（三）情绪具有可变性

情绪并非固定不变的，随着我们身心的成长与发展、对情境的知觉能力，以及个人的经验与应变行为而改变，此外，引发情绪的刺激与情绪的反应也会随之改变。刺激与情绪反应之间并没有固定的关系模式，而常常会因为我们当时的心情与认知判断的结果而表现出不同的情绪，虽然有时我们也会因为某种刺激而引发相同的情绪，例如，从小被爸爸大声骂就感到害怕，所以以后每次听到别人大声骂，不管是骂自己还是别人，甚至别人大声说话，心中自然就产生害怕的感觉；或者小时候被凶猛野狗追过，长大后遇到小狗也会感到害怕，而忘了自己已经长大成人，具有足够的力量保护自己。诸多类似这种害怕或其他的感觉，虽然已经被制约成为习惯了，但是如果可以增加新信息，扩大自己的知觉或新经验，还是可以改变或修正这种固定的情绪反应，因为情绪本身具有相当的可变性。

第二节　情绪理论

心理学家为解释情绪的概念，已有 100 多年的研究，但是情绪是个复杂的心理历程，所以至今仍无一个完整的理论可以说明之。由于各个学派的研究重点不同，因此形成各种不同的理论观点，从演化论、生理医学论、精神分析论、行为论到认知论，真是包罗万象。本节将简单介绍情绪的相关理论，探讨与情绪管理较有关的理论，以利于我们了解情绪管理方式的深层次的理论架构。

一、情绪心理学的观点

最早对情绪变化提出系统解释的人是美国心理学家詹姆斯（James）。在 19 世纪末，当时一般人对情绪的看法是：人哭是因为伤心，人笑是因为高兴，将一些生理的变化视为情绪的结果。然而詹姆斯却提出了相反的看法，认为人难过是因为哭，快乐是因为笑，情绪发生的顺序是：知觉身体变化情绪，亦即外在刺激先引发个体的生理变化（如心跳加速）与直接的行为反应（如逃跑），个体对身体反应的觉知才产生情绪，亦即情绪不是由外在刺激引发，而是由身体的生理变化所引起的。例如，当我们遇到危险的歹徒时，会立即产生发抖的生理反应，而当我们感受到生理变化时，我们才知道自己在害怕。

几乎在同一时间，丹麦生理学家朗奇也提出类似理论，认为情绪是对身体变化的知觉，所以后来学者就将两人的理论合一，称为"詹朗二氏情绪理论"，此情绪论引发了不同的争议，因此相继有学者提出不同的理论观点。

关于情绪与生理反应两者之间的关系，美国生理学家坎农（W.B.Cannon）与其弟子巴德（P.Bard）提出的"坎巴二氏情绪论"认为，情绪经验与生理变化是同时产生的，两者均受丘脑的管制，而情绪经验主要是由于对刺激情境的觉知。例如遇到歹徒，会有心跳加快、赶快逃跑的生理反应，而当大脑知觉到歹徒是危险的时候就有恐惧的情绪，所以生理变化与情绪经验并无直接关联。然而此论点也为其他学者所反对，如"斯辛二氏情绪理论"（Schachter-Singer theory of emotion）就认为生理反应确实先于情绪经验，但产生何种情绪经验是由认知因素来决定，情绪经验起源于对刺激情境的认知与对生理变化的认知。个体觉察刺激所引起的生理变化，是情绪的起始因素，而个体对刺激情境的觉察则决定情绪的内涵。由于此理论强调个体对生理变化与刺激性质两方面的认知，所以他们的理论又称为"情绪二因论"；此外，因为此理论相当重视个体自己的认知解释与归因，所以也称为"情绪归因论"。

拉札勒斯（Lazarus）的"认知评估理论"（cognitive-appraisal theory）也同样重视个体对于刺激的认知解释所导致的不同情绪反应。拉札勒斯主张认知评估是情绪中的关键因素，在相同的环境下，不同的人可能有不同的情绪反应，那是因为该环境刺激对不同的人具有不同的意义，此不同的意义则来自于不同的认知评估。"认知评估"主要有三种形式：初级评估、次级评估及再评估。他们认为认知评估不只是信息过程本身而已，"评量"（evaluation）才是最重要的部分，而评价的焦点主要是意义或重要性，在个人清醒时，这个评价的过程会不断发生。兹将各种不同形式认知评估的意义叙述如下（苏汇瑭，1998）。

（一）初级评估

初级评估是以压力情境所造成的伤害程度为评估的指标，个体会评估压力情境对自己的意义、伤害或威胁程度。简单地说，就是个人赋予事件意义，而这可视为个人面对压力生活事件的初步情感反应。其包含三种判断。（1）无关的（irrelevant）：当个人在环境中所遭遇的事件与幸福感无关时，属于无关的评估。（2）正向有益的（benign positive）：若事件的结果被认为是正向的，会保存或强化幸福感。但并非所有良性正向评估都不含挂念、忧虑，对某些人来说，此种评估包含理想状态的改变，而使之有失望的感觉。而对那些相信一个人必须为美好感觉而付出受伤害代价者，良性正向评估也可能产生内疚或焦虑。故可知认知评估是复杂、混杂的，必须依赖"个人因素"

及"情境脉络"来做判断。此种评估的情绪特征是：欢乐、喜爱、兴奋、平静。（3）压力的（stressful）：压力的评估又包括伤害／失落（harm/loss）、威胁（threat）、挑战（challenge）三类，分别说明如下：

1. 伤害／失落评估

伤害／失落评估是指结果对个人已造成伤害，如被剥夺权益、疾病、车祸受伤、失去所爱的人、自尊受损等，会引起愤怒、厌恶、失望、难过的情绪。

2. 威胁评估

威胁评估是指尚未发生伤害，但个人预期伤害会发生，这个伤害可能可以避免或根本无法避免，个人会产生伤心、焦虑、害怕的情绪。即使当伤害／失落已造成，通常也会混入威胁的评估。威胁对适应的影响与伤害／失落不同的地方在于它允许预先因应，也就是说，人们可预期未来而事先加以计划，以通过或克服困难，其特征为引发的负向情绪，如害怕、焦虑、生气。

3. 挑战评估

挑战评估是指事件的结果对个人而言可能有获益的机会，且个人预期会有一个令人欢喜的结果，常引发出有兴趣、有希望、有信心的感觉。挑战较着重于获得或成长的可能性，它的特点是有愉悦的情绪，如渴望、兴奋、鼓舞、愉快等。挑战评估比较可能产生于当某人对所遭遇的困难有控制感时，即使是在最糟糕的环境当中，人们仍可能将其评估为挑战，因为挑战也能定义为控制自己去面对逆境，甚至超越逆境，亦即控制自己的情绪，甚至控制环境。

值得注意的是，威胁与挑战并不一定是互相排斥的。例如，工作的升迁即同时包含威胁与挑战。因此，虽然在认知成分上（潜在的伤害／失落与熟练获得）、情感成分上（负向情绪与正向情绪），两者可加以区分，但它们却可以同时发生。例如，福克曼与拉札勒斯（Folkman & Lazarus，1985）的研究发现，期中考试的前两天，有94%的学生同时有威胁与挑战的评估，故威胁与挑战并非一个单一连续体上的两极。另外，挑战与适应有很重要的关系，通常评估为挑战者有较佳的士气，所以有正向情绪。评估为挑战者的功能品质倾向较好，所以较有自信，较少情绪混淆。此外，评估为挑战者也较少出现适应问题。

（二）次级评估

当我们有危难时，不论是威胁或挑战，都有必要采取一些行动以控制情境，此时，进一步的评估就变得很重要，亦即对能做些什么加以评估，此即次级评估。换句话说，次级评估就是个人对选择各类行动以成功因应某事件可能性的判断，是个体评估自己对压力采取任何因应行动后会造成伤害或威胁的程度，亦即对拟采取的因应策略进行评估。影响次级评估的因素，除情境特点之外，个人知觉的自我能力也是重要的决定因素。拉札勒斯认为控制性的评估是次级评估中很重要的部分。

次级评估活动对每一个压力事件来说都是很重要的特点，因为事件的结果是看个人做了什么处理，以及判断危急的程度。次级评估也是一个复杂的评量过程，此时会考虑有哪些因应方法可用，因应方法可达到预期成果的可能性，以及个人能有效运用一个或一组策略的可能性。而在评估因应方法时，包括判断使用某一特定因应策略，某一组策略的结果如何，同时也考虑该事件的内、外在要求。一般人在次级评估中有四种可能的因应方向：（1）直接行动：改变该情境；（2）寻求资源：采取行动前搜集更多的相关资料；（3）接受：接受或只能适应事情的现况；（4）放弃行动：放弃想做的事情。次级评估与初级评估之间有很密切的关系，两者的交互作用决定了压力的程度，以及情绪反应的强度与品质，而且这种交互作用是很复杂的。

（三）再评估

再评估（reappraisal）是以环境中新信息为基础所做的评估改变，亦即重新评估所选的因应策略，可帮助个人抵抗或助长压力。换句话说，再评估是先前评估之后的评估，评估的事件相同，但再评估修正了先前的评估。因此，在本质上评估与再评估并无不同。再评估也可说是属于认知因应的一部分，包括任何对过去事件正向重新诠释的所有努力，以及以较少伤害或威胁的方式来看待、处理目前的伤害及威胁。

拉札勒斯（1974）认为再评估基本上是一种回馈的处理，它包含两种形式：(1)现实式的：因为新信息的出现而导致的再评估，这些信息是个人与环境关系的变化，或是对个人利益的改变；（2）自我防卫式的：个人认为事实无法改变，只好把原先判断为伤害、损失或威胁的情境再评估为没威胁或有利的，以减少负面情绪。

然而事实上并非所有情绪引发都与认知评估有关，可能没时间评估，我们就有了情绪反应，如重物突然掉在面前，我们可能还搞不清楚状况，就感到紧张了。所以行为主义学者就不强调认知过程，而是以可观察到的外显行为为主，强调刺激与反应之间的联结，华森（J.R.Watson）提出的"情绪反应类型论"为此观点的代表。华森从对婴儿的观察，发现人类有三种基本的情绪，在婴儿阶段，由于外在的强烈刺激，会使婴儿很自然地产生恐惧的反应；而当婴儿不能自由自在地活动，或遇到一些阻碍无法满足需求时，就会产生愤怒的感受；而妈妈对婴儿温柔的抚摸与怀抱，将会让婴儿有爱的感觉。由此可知，每个人都有恐惧、愤怒与爱三种基本情绪，至于其他情绪则为学习而来。依行为主义的观点，人类的行为会因制约（增强或削弱）而有所改变，因此情绪的类型、刺激与反应也会随着不同的发展阶段或社会情境而有所变化。

由以上几种理论观点，我们可以更清楚地看出情绪与生理反应的关系，无论是生理反应引发情绪或者两者同时发生，都反映出情绪与生理反应之间的密切关联。因此，在情绪管理的方法中，有一类方式就是从生理反应着手，从生理反应去了解自己内心的感受或者借由生理的松弛，舒缓紧张来转换情绪。一般人认为如果在每天出门前，对着镜子中的自己笑一笑，也可以让自己保持愉快的心情面对崭新的一天，这是借由生理的改变来转换情绪的方法之一。当然从理论中我们也了解到，认知解释在情绪过程中亦具有举足轻重的影响，这是情绪之所以会有个别差异的原因。此外，有些情绪反应是学习而来的，可以借由增强与削弱的制约方式来改变不当的情绪。

以上的理论主要在于提供最基本的概念说明，让我们对情绪有一些基本的认识，以下将从心理治疗的观点更进一步阐释引发情绪的内在动力与过程。

二、心理治疗学派的观点

（一）心理动力学派

弗洛伊德的精神分析学派是历史最悠久、影响最为深远的古典理论，之后相继有一些学者根据弗洛伊德的观点提出不同的看法，称为"新精神分析学派"，虽然两者强调的重点或者对于人们内在动力的观点不尽相同，但是同样均强调内在看不见的心理动力。在这些心理动力学派中，我们又可以将其分为"驱力（drive）模式"与"关系模式"，两种模式对情绪的看法截然不同，将详细说明如下。

1. 驱力模式

弗洛伊德强调心理动力对行为的驱动，认为行为其实受控于潜意识、本能驱力与过去经验。弗洛伊德认为个体天生拥有两种本能驱力——生之本能（性驱力）与死之本能（攻击驱力）。如果本能驱力没有获得疏解的话，其带来的压力将会继续在潜意识中维持或增长，长期压抑本能驱力会产生更大的紧张与压力，所以弗洛伊德认为需要宣泄（catharsis），才能释放情绪的紧张。因此，我们可能会通过语言、非语言或幻想等方式来调解情绪，如有些人平常累积太多愤怒，在爆发时可能会捶桌子、丢东西或揍人，也有人是大声叫骂；另外一些人则可能是幻想着自己把生气的对象杀了或者痛打一顿，来纾解内心的愤怒。此外，个体也可能借由替代或升华等方式来纾解本能压力，如一些有名的艺术家，就是将自己心中的痛苦借由作品创作等方式表现出来。

除了驱力的观点外，精神分析学派还将人格结构分为本我、自我与超我三部分。本我是最原始的部分，遵循着享乐原则，追求快乐，逃避痛苦；而且本我的本能需求必须得到立即性的满足才可以，所以有时会使用幻想的方式暂时得到纾解。例如，婴儿肚子饿的时候会吸吮拇指，幻想自己的拇指是妈妈的乳头，用来满足自己饥饿的本能。相对地，自我则是遵守现实原则，可以知觉环境的限制，根据外在世界的实际情形，在本我需求与外在现实之间取得平衡。自我并非要去阻塞本我的本能需求，而是延宕需求，让需求在适当的时间地点，以适当的方式得到满足，但由于享乐原则与现实原则的不同，也常导致本我与自我部分的拉扯与冲突。至于超我部分则是遵循道德原则，是内化父母或社会的规范与价值观，以决定事情的对错，一方面督促自我要追求完美，要有更理想杰出的表现；另一方面则是限制个体行为以符合良心规范。

本我、自我与超我三者之间的冲突将会引起焦虑的现象。弗洛伊德认为焦虑是一种紧张状态，可以将焦虑分为三种形式：现实性焦虑、神经质焦虑与道德性焦虑。现实性焦虑是源自对外在世界中所存在的危险与威胁所造成的害怕，如当你在被大声斥责时、将要撞车时或者处于其他危险状况下，很自然地就会有现实的焦虑，而焦虑的强度与威胁的强度成正比，感受到的威胁越大，就越焦虑。神经质焦虑是因为无法控制本能驱力，而造成某些有害于自己的冲动或做一些会让自己遭受惩罚的事情，所以常常就会感到一种莫名的紧张或不安。道德性焦虑则是当个体违反良心、社会规范或父母训诫之后经验到的害怕。例如，从小就被教导"诚实最重要"的人，当他说谎欺骗他人时，可能就会感到道德性的焦虑，而这种焦虑常常让个体心存罪恶感或羞愧感。

如果自我无法理性控制焦虑或采取适当对策解除危机的话，个体将会以自我防卫机制，如压抑、否定、合理化等，来应付焦虑，以避免自我受到打击。防卫机制是在潜意识中运作，常是因应焦虑的方式，所以防卫机制在适应的过程中其实扮演着重要的角色，让我们不至于常处于焦虑状态中而无法正常运作，是我们潜意识中要保护自己的生存之道，对个体的调适与适应具有相当的价值。然而防卫机制就如同是一面武士的盔甲，在遇到危险时是很好的保护，但若长期戴着盔甲，我们反而无法真实存在、无法接触真正的自我，或真实与他人互动，别人也无法看到真实的自我，而活在盔甲中的自我也局限了自我发展，限制了许多的可能性，甚至因而导致心理病症。

2. 关系模式

关系模式的学者大多认为焦虑等情绪与亲子关系有密切的关系。新精神分析学派学者荷妮（K.D.Horney）提出基本焦虑的概念，认为个人天生就有一种害怕被抛弃的不安全感。在亲子关系中，当小孩没有享受到父母的关爱与家庭的温暖时，就会产生更多的焦虑与不安全感，害怕被抛弃或感到疏离，在充满敌意的世界中感到无助；相反，如果环境够好的话，在一个充满信任、爱、温暖与关爱的环境中成长，将可减低此基本焦虑。在此基本焦虑下，个体也会发展出不同的因应策略，如亲近、讨好、顺从他人，控制、反对他人，逃避与人接触等，都是为了减低其不安全感。但由于这些策略是与现实妥协的结果，所以基本的安全感需求较难获得，因此个体仍将会处于易焦虑的状态，遭遇压力情境时，还是会出现不适应的状况。

苏利文（H.S.Sullivan）的人际理论认为焦虑是人类行为的主要动力来源，强调在人际关系中如何逃避与处理焦虑的重要性，认为焦虑乃根源于父母、他人或自己对自己的拒绝、否定，而用来避免或减低焦虑或者用来维持自我价值的种种人际策略就是人格形成的基础。例如小孩哭泣时，妈妈的反应是自己走开，留小孩一个人不管或者嘲笑小孩，那么这种拒绝将会引发小孩的极度焦虑，因此，也形成小孩冷漠的性格，不再表达情绪或者认为表达情绪是不好的。

近年来盛行的客体关系理论，更是强调小时候与重要他人的情感关系对个体的影响。客体关系学者强调早期母子互动形成的客体关系将会内化于孩子心中，并概化到其他关系中，而关系的挫折才会让病态产生，而非驱力所致。早期的客体关系对以后的生活有重大的影响，更重要的是客体关系是主观经验的内化，因此发生什么事情并不重要，而是经验到什么才是重点所在，所以个体可能已经忘了发生什么事情；但是被抛弃、被拒绝、不安全感或羞耻感、罪恶感、嫉妒感、爱、恨等不同感受都延续下来，形成个体的内在自我与他人表征或客体关系。

客体关系学者马勒认为自我发展可以分为四个阶段：自闭期（autism）、共生期（symbiosis）、心理分离—个体化期（separa-individuation）、客体恒存期（object constancy），其中以心理分离—个体化阶段的发展最为重要。个体化的内涵包括许多向度，如行为独立、表征或认知的分化和情绪的独立等，若个体无法顺利或成功地经历分离—个体化的过程，个体将会产生许多冲突的情绪（Hoffman，1984）。

　　根据马勒的研究，在此时期的幼儿会出现与重要他人之间存在着依赖与独立的矛盾关系。她认为幼儿如果在这一时期没有与重要他人发展出良好的心理分离过程，分辨自我与他人的差异，或缺乏认同他人的机会，个体容易发展成两种性格：自恋和边缘型人格。前者的特征是骄傲、自大，具有强烈自我专注的倾向，喜欢寻求别人的赞赏与注意；后者起因于重要他人不能忍受幼儿的个体化，因而表现出不允许或矛盾的情感，以致造成幼儿形成边缘型人格，出现不稳定、易烦躁、发怒、自我破坏行为、情绪变化大、冲动控制力不佳、无法容忍焦虑等特征（Edwardetal，1992）。

　　在青少年阶段将会产生第二次的个体化发展任务，在此个体化过程中将造成个体内在心理（intrapsychic）的改变，引发其内在的冲突或者羞愧、罪恶、生气等情绪，此将危害个体追求自主的努力，而无法个体化。或者个体为了对抗幼儿期依赖的拉力，为了逃避或延迟内在的分离过程，其也可能选择身体上或意识上与父母远离，形成"伪装自主"，却很少察觉到自己心中的爱恨交织、冲突或失落（Mirsky & Kaushinsky，1989），以致无法真正完成个体化的发展任务。布洛斯认为健康的个体化过程，不是要个体放弃亲子关系，而是要放弃对父母的依赖，不再视父母为自己的延伸，必须能更真实地看待父母（Schulman，1992）。因此，个体化任务的发展成功将可形成独立的自我感，但若在此阶段得不到足够的情感联结，就可能形成个体情感疏离或情绪混淆的现象，当个体无法与重要他人（通常是母亲）心理分离，切断心理的脐带，则个体将容易有羞耻感，对自己没有自信，若重要他人不想让个体离开，然而个体仍旧寻求独立自主的话，个体则容易形成罪恶感。

　　克利梅克和安德森（1988）指出个体化最关键的时期就是当与父母心理分离后所感受到的失落感。此时主要有两种情绪交替循环，一为分离焦虑，可能表现为：好动、生气、否认、抗拒、背叛、攻击/控制、自我中心、有生理症状等；二为抛弃忧郁，可能表现为高脆弱、忧郁/哀伤、对自己生气/自责/罪恶感、被动、退缩、极为敏感/谨慎/害怕、有生理症状等。若无法度过此情绪阶段将无法个体化，而青少年可能的因应方式为：上瘾、高度顺从、很早就谈恋爱结婚生子、过度依赖他人赞赏等。因此，当青少年知觉到心理分离的失落感时，更需父母情感的支持与肯定，才能度过此阶段。然而此时父母本身可能对于子女的独立也倍感威胁或也有失落感，因此需要同时包容自己本身与子女的焦虑，子女成长，父母本身也需要成长，如此才能让个体化顺利发展。

　　除了客体关系外，鲍尔比的依附理论也非常重视亲子间的依附关系，认为人类发展的动力来源于和照顾者（或父母）的情感联结的建立与维系，而内心冲突的来源也就是因为分离焦虑、被抛弃的恐惧所造成的，所以焦虑只是此情感联结受到威胁的信号灯。依附理论最早由 Bowlby 提出，其认为依附系统是天生的，为个体生存的自然法则（Bowlby，1982）。

依附系指对特定他人永久的情感联结。依附关系的发展约在 6 个月到 1 岁之间，婴儿会随当时的情境调整与母亲的距离，寻求亲近或接触，以得到安全感。当照顾者离开时，婴儿会表示抗议或呈现出分离焦虑。若小时候，父母是可获得并常会回应的，将让小孩有安全的依附，因此小孩就能忍受挫折、学习自我安抚，具有高自尊与高自我认同。反之，不安全依附的小孩，常会感到挫折、不安、自尊心较低，常会扭曲事实、容易痛苦。所以如果小孩在有需要时能得到照顾者的反应，将使他们在活动过程中更能发挥情感的自我调适，也更能自主与控制，而从小与重要他人形成的依附关系还会影响至日后一生的认知、行为、情感等方面的发展与任何的人际相处或亲密关系。

依附理论认为婴儿根据母亲的反应建立一些规则和节奏，逐渐形成婴孩对依附对象、自我和环境的心理表征或内在运作模式（internal working model）（Ainsworth，1989；Bowlby，1982），内在运作模式主要包括情绪及认知两方面，克林斯与利德（Collins & Read，1994）认为内在运作模式其实是通过对情境的主观诠释与情绪反应两者来间接影响行为表现。

个体借内在运作模式评估目前的情绪经验，决定如何因应，并引导个体采取有规则、有方向的行为，由此可知，个体的依附关系同时会影响情绪与认知反应，进而影响行为表现。

根据依附关系的品质，我们还可区分出三种依附类型：

安全依附型（secure attachment）、焦虑依附型（anxious attachment）、逃避依附型（avoidant attachment），后两者属于不安全依附。这三种依附类型的主要内涵如下。

1. 安全依附型

个体经验到照顾者是可获得且有反应的，安全的基础可支持其从事探索活动，并提供降低焦虑感的有效功能，在压力情境下个体懂得寻求照顾者的安抚，之后又能再度探索外在。高品质的照顾者让个体形成的自我模式是觉得自己是值得被爱、有能力的，而他人是有反应、可依赖的，此对健康的人格发展很重要。

2. 焦虑依附型

个体经验到照顾者在其需要时提供的反应与帮助是不一致的，其自我模式是不确定的、害怕的，他人是不能信任的（unreliable），只有在依附对象出现与表示支持或赞同时，婴儿才会主动探索外在环境、觉得有自信。此类型常是一方面渴望与照顾者亲近，另一方面又表现为抗拒与生气。此种持续依赖外人的特质将阻碍情绪自我调节功能的发展，使个体在压力情境下更为脆弱。鲍尔比认为焦虑依附者不确定父母是否会提供帮助，怀疑父母是否会回应，没有安全感，导致自己活在焦虑、矛盾中。另外，在此依附关系中个体也会表现出强烈的愤怒及怨恨的情绪。

3. 逃避依附型

当早期婴儿恳求照顾者的保护、支持与关爱时，若一直被拒绝，则婴儿学会忽略照顾者的存在。其自我模式是孤独及不被需要的，他人是拒绝与不可信任的。此种类型易成为"强迫信赖自己"或者形成慢性犯罪或表现出反社会行为。鲍尔比指出"强迫信赖自己"的依附特质表面上看起来是依赖自己，但实际上是由于无法探索他们自己内在的资源，他们会害怕亲密关系，不认为有接近父母的机会，尽管有接近的机会，也认为父母不会接受或慰藉自己，因此会拒绝亲密关系。

不同的依附类型与孩童与成人的情感表达和情感调整有相关（Scroufe & Waters，1977；Kobak & Sceery，1988）。研究也发现，安全依附者能以较佳的因应技巧、个人价值及自我效能来降低焦虑，所以焦虑少，敌意少（Kobak & Sceery，1988），身心症与创伤后的逃避行为比不安全依附型者少（Mikulincer，Florian & Weller，1993），解决问题时，不适应的愤怒情绪及逃避问题的行为较少。相反地，逃避依附者否认自己的负面情绪，不喜欢运用外在支持来协助自己降低焦虑，所以，比安全依附型者有更高的敌意，更常发生身心症（Mikuliceretal.，1993）。焦虑依附者为了争取依附对象的注意力，提高负面情绪的强度，常是高焦虑者与高忧郁者（Kobak & Sceery，1988）。

在情感表达与调节方面，安全依附的人愿意承认自己的情绪烦恼，但是其烦恼不会过于极端；相对地，焦虑依附型的人会有夸大的负向情绪，而逃避依附型的人则会否认负向的感觉，对事件反应呈现无情感。安全依附型所使用的情感策略是主动、开放、直接表达、与他人分享的，由于将重要他人视为安全堡垒，所以他们不会压抑自己的情绪，可以自在地、直接地表达自己的需要；面对问题时不会出现愤怒情绪或者逃避的行为，自我肯定，信任自己也信任别人，所以在有困难时可以得到情感支持。至于逃避依附者由于依附行为常被拒绝，所以对自己与他人都有负面的想法，担心坦承表现情绪会威胁与他人的关系，所以常常使用压抑的情绪策略，否认自己的负向情绪。焦虑依附者由于依附对象不一致的对待方式，当有需要时，无法确定依附对象是否会照顾自己，所以在这种难以预测的情况下，造成焦虑依附者的趋避冲突与矛盾情感，容易感到高焦虑，所以常常使用夸大的情感处理策略来吸引依附对象的注意（Cassidy，1994）。总之，在高压力或严重情绪干扰下，安全依附者会寻求资源，逃避依附者采用隔离策略，焦虑依附者常用强烈的情绪策略。

鲍尔比（1982）认为青少年与成人的情绪与行为困难源于早期发展的不安全依附关系。吉达诺和利奥蒂（1983）根据临床的观察也发现不安全依附者主要有惧旷症、忧郁、饮食失调、强迫性障碍等症状。布拉特和霍曼（1992）综合有关依附关系与忧郁的研究发现：早期与父母的依附关系与成年人的忧郁有关，焦虑依附者的忧郁问题在于依赖、丧失与抛弃等主题，逃避依附者的忧郁问题则着重在自我价值与自我评价上。此外，杨格（1990）认为人格障碍源于早期不适应的人际基模，此基模乃不安全依附关系造成个体对自己与世界不适应的信念（引自 Bradford & Lyddon，1993）。许多研究结果显示心理症状与不安全依附类型确实有相关，例如，罗森斯坦和霍洛维茨（1996）就发现逃避依附型的青少年所用策略是为减低因依附对象的拒绝行为而产生负面的想法或情感，所以常见的心理症状就是行为障碍与上瘾行为，借此否认或不重视痛苦的情绪。焦虑依附者则使用夸大的策略，所以痛苦的情绪呈现在其心理症状上，如情感障碍等。

（二）行为学派

行为学派认为情绪困扰与问题行为都可以通过制约原则或学习理论来加以修正或改善，因此，行为治疗被使用的范围也相当广泛，包括恐惧、强迫性、忧郁、上瘾、攻击等行为的处理。行为学派认为可以通过古典制约、操作制约与观察学习三种方式来改变个体的行为反应。所谓古典制约就是使个体将针对某一刺激产生的反应，经由制约之后转移到对另外一个刺激也会产生相同的反应。有一个实验是以一个 11 月大的小孩为受试者，让小孩与小白鼠一起玩耍，当小孩摸到小白鼠时，一名实验者就用铁块敲击钢棒，产生突如其来的声响，让小孩有害怕的反应。重复几次后，就算没有声响，小孩一看到白鼠就会显得害怕，之后连一些毛茸茸的动物或物品（如兔子、棉花）都会让小孩感到害怕。而操作制约则是利用增强或削弱的方式来改变行为，如当你表现好时，得到父母的微笑、拥抱或鼓励或者得到一些实质的奖品，这些正向的增强让你心情愉快，因此也将让你愿意继续表现更好。至于观察学习的方式则是借由观察模仿他人的行为而产生相似的行为，如小孩经常观看充斥暴力的电视节目，也很容易就表现出暴力行为。

（三）理情学派

理情治疗法的基本假设是我们的情绪根源于我们的信念、评价与解释。理情治疗学派（rational emotive therapy，RET）的始祖艾理斯（Elis）认为人同时具有理性与非理性的特质，他们有保护自我、快乐以及成长与自我实现的倾向，同时也有自我毁灭、自责，以及逃避成长的倾向，认为人们的困扰乃源自本身的非理性思考，而非外在世界的某些事件。艾理斯深信我们会有强烈及不适当的情绪主要是因为非理性的思考所致，而此不合理与不合逻辑的非理性思考根源于早期不合逻辑的学习或者受到父母与环境的影响。不过我们具有改变认知、情绪及行为的潜能，不必受制于早年经验，成为过去经验的牺牲者，有能力让自己学习理性思考，使造成困扰的情绪与行为的发生频率降至最低，并使有利于身心健康的情绪与行为发生的频率增加。

ABC人格理论是艾理斯理情治疗的精华所在，不仅说明人类情绪与行为困扰的原因，也阐释了解除情绪及行为困扰的因应之道。A指的是引发的事件，B是个人抱持的信念，C是最后结果。换言之，事件本身（A）并非是情绪反应或行为后果（C）的原因，人们对事件的非理性观念或信念（B）（想法、解释、看法）才是真正原因所在。例如，小月同时与小芬和小祺闹翻了，小芬难过得要死，她觉得"我应该让每个人都喜欢我"，现在小月讨厌我，一定是我不好，她才不喜欢我，所以每次看到小月，小芬也不知道怎么办，和小月的关系真的就越来越疏远。小祺则认为"虽然我平常跟小月在一起也蛮快乐的，可是既然现在闹翻了，那么也只好算了，有机会还是可以再做朋友的"。所以小祺还是跟平常一样对待小月，并没有因为闹翻的事情而感到难过或生气，和小月见面还是可以自在地打招呼。由此可见，不同的想法导致不同的情绪与行为，因为我们对客观事件的主观想法才是真正引发情绪的主因。

理情学派认为大部分的情绪困扰起源于责备，我们内化了许多导向自我挫败的非理性想法，如"我必须得到生活中所有人的爱或认同""我应该完美地做好每件事""如果得不到我所要的，那会很糟糕，而且我会无法忍受"等，我们倾向将我们的渴望与需求转化为决断的"应该""必须"等要求与命令，或者是夸大的灾难化，如"完蛋了""糟糕了"等，我们这些有意无意地思考方式将左右我们在各种情境的感受方式。总之，艾理斯认为情绪不会仅仅因为感觉被强化凸显及表达出来后就消失不见了，而是需要驳斥那些引发负面情绪结果的非理性信念，并努力将不实际、不成熟、命令式和绝对式的思考方式转成实际、成熟、合乎逻辑和讲求证据的方式去思考和行动，才能对生活情境有较适当的情绪反应。

（四）完形学派

完形治疗学派重视个人对于此时此刻的觉察，所谓觉察就是能够了解我现在正在想什么、感觉什么？由于我们对不愉快经验或者痛苦的感受都倾向以逃避、不去面对的方式因应，因此我们对自己的状态与需求也渐渐搞不清楚，所以通过情绪感受的直接经验与表达将可以帮助我们觉察真我与内心真正的需求。完形治疗中提出的未完成事件概念，其实就是涵盖悔恨、愤怒、怨恨、痛苦、焦虑、悲伤、罪恶、遗弃感等未被表达出来的感受，虽然这些情绪并未表达出来，并未充分被体验，但是在潜意识中却与鲜明的记忆或想象互相联结。我们常常为了求生存或暂时让自己好过一点，于是将某些经验很自动化地储存在记忆中的角落，以为事过境迁，然未被解决的情绪或未被照顾到的需求一直存在着，而且在潜意识里左右着我们的行为反应，所以如果刚好现在的某些经验促动了某个按钮，过去未完成事件的情绪将会一下子全都涌上来，甚至宣泄而出，以致造成过度反应或错误知觉。由于这些未完成事件在不知不觉中就会带入现实生活中或者衍生出一些不必要的片段情绪，因此，这些未解决的情绪就会阻碍我们的感受或知觉，而扰乱以现在为中心的察觉，让我们无法真切认识与接纳自己、他人与现实，进而妨碍自己与他人有效的接触。由于大多数人宁愿逃避体验痛苦的情绪，而不愿做必要的改变，所以完形学派鼓励个体在此时此刻不是谈论自己的情绪，而是确实在此时此刻体验自己心中的情绪，认为唯有充分体验自己的情绪后，才有可能去改变与成长。

由上述的治疗理论可知，情绪可能与驱力有关，也与重要他人的关系有关，情绪可能源于内在的冲突或者不安全感的关系，但一些不适应的情绪反应则可能是学习或制约而成的，因此，也可借由一些行为技术来修正。此外，情绪与认知也有密切关系，因此注重认知的治疗学派，更是提供明确的理论基础与方法，想通过对想法的修正，来改变事件对个人的意义，进而改变情绪反应。至于重视体验的学派则认为我们问题的核心在于逃避痛苦的感觉、害怕不想要的情感，所以才让情绪可以左右我们，而当情绪可以真实被经验与觉察之后，我们才有可能更自在，也更真实。

第三节　青少年阶段情绪发展的特征

一、情绪发展

有些学者尝试从发展的观点提出对情绪的不同见解，如布丽兹（Bridges）早在1932年就观察婴儿从出生到2岁时的情绪发展，并提出人类情绪发展的模式。他以连续分化的观点说明婴儿的情绪发展，认为婴儿情绪是由兴奋状态开始，而后分化出苦恼、害怕、厌恶与生气等情绪，1 岁之后再分化出嫉妒情绪，正面的情绪则是比较晚才出现，一直到了 2 岁，婴儿的情绪才大致分化完成。布丽兹的这些观察也使心理学家了解到了情绪发展的三项特色：（1）情绪反应的强度会随着时间而逐渐消减；（2）情绪反应会逐渐调整以符合社会认可；（3）训练以及社交压力可以使个人对情绪的表达方式改变。

其他学者，如易札德（Izard）则认为婴儿自出生即拥有了各种情绪，而且各种情绪之间彼此独立，无连续渐进的现象，各种情绪也都具有生存适应的功能。斯洛夫（Scroufe）则认为个体的基本情绪包括害怕、愤怒、愉快，其出现时机由婴儿知觉、动作和认知等方面发展程度来决定，对婴儿而言，情绪是知觉的表达，也是自我意识的展现（张春兴，1990）。斯洛夫（1979）通过仔细观察婴儿的行为、情绪反应，以及与其他人的联系方式，借此发现一般新生儿到 3 岁幼儿情绪发展的概况。

某些研究系通过表达的特征对情绪加以认证，如通过面部表情、肢体动作等。通过此法，已经确认婴儿期最初几个月所表现出的基本情感为：愉悦、悲伤、惊异、厌恶、欢快、发怒，到了八九个月时有恐惧和悲哀，到第二年则已确认更复杂的情感，如喜爱和耻辱感，在此时期婴幼儿的情绪并无明显的性别差异，即使曾有研究指出男婴较女婴显得更易暴躁、情绪不安定，以及较少的社会性反应。S. 格林斯潘与 N.T. 格林斯潘（1985）所著《帮助婴幼儿情感的发育》一书中，他们也曾针对婴幼儿情绪发展归纳出六个阶段及各阶段之特征，简述如下：

（一）第一阶段（出生—3 个月）

协调组织感觉的能力，排除干扰以获得安稳而积极的探索。因为婴儿从黑暗、平静的子宫，出生到充满影像、声音、运动的有触觉、有味觉的世界，外在刺激突然增多，要小心不要接收过多刺激而受不了或者接收太少而感到无聊。在此阶段必须要经由感官发展出对世界的兴趣，且慢慢能控制对外在信息的接收。

（二）第二阶段（2—7 个月）

3—4 个月大的婴儿常会盯着照顾者的脸，感受其动作，聆听其声音，或是以不协调的方式抓照顾者的脸，兴奋地微笑等，显示他对人的世界充满兴趣，照顾者应给予注意与回应。这些行为表现也是第三阶段发展的基础。

（三）第三阶段（3—10 个月）

若观察 3—10 个月大的婴儿与父母亲的"对话"，常听到咿咿呀呀之类的声音，当父母给他东西，他伸手去拿时，他会以微笑回应父母亲，或从咽喉发出声音回答，他开始了解并学习到自己的反应会导致他人亦有所回应。当他生气时，他会紧握手里的东西不放，这便是情绪的体现与证明。

（四）第四阶段（9—18个月）

婴儿长到10—12个月大时，他已准备进入第四阶段，学习将点点滴滴的感情与社会行为融入庞大、复杂、协调有秩序的结构中。他开始了解事物的意义，虽然他还不会说话，但是如果他饿了，不会只是坐着哭闹等妈妈来理解他的想法，他可能会拉妈妈的手到冰箱；他也可能拿梳子模拟他在梳头发的样子。这些都表示他开始理解事物的内涵，也是他对世界的"概念性"态度的开端。

（五）第五阶段（18—36个月）

学着从理解物体如何发生作用，到能够以自己的心灵来创造这些物体。因此，即使是妈妈或照顾者不在，他也能在心中创造出妈妈的形象：她的长相、声音、微笑，他记得和妈妈的交流的感觉而不感到焦虑。

（六）第六阶段（30—48个月）

孩子此时已经可以将自己的概念世界扩大，了解愉悦、依赖、好奇、固执、愤怒、自我约束，甚至爱恋等情绪以及世界中的因果关系，也可以区分想和现实，进行有意识的活动。

Lewis（1993）的观点则指出在3岁时个体已经发展出大多数的情绪。刚出生的婴儿只有两极情绪：愉快（pleasure）与苦恼（distress）；到了3个月大时，开始会笑，已经会表达愉悦的心情，但同时也出现难过（妈妈不理的时候）、厌恶（disgust）会拒绝吃难吃的食物；到了4—6个月，遇到挫折，如无法自由活动时，会生气，看到陌生人时会害怕，看到新奇的事物感到惊讶；1岁半之后，开始有自我意识，也产生了尴尬、嫉妒、同理等情绪；到了2岁时，开始建立一些标准或规则，开始会跟标准比较而出现一些自我评价的情绪，如骄傲、羞愧感、罪恶感等；到了3岁，就是高度自我分化的阶段了，情绪更为复杂，也更为精致化。

王淑俐（1995）曾将人生各阶段的情绪发展变化，分为以下几点概括之：

1.在情绪类型方面：婴儿至儿童早期的情绪渐渐由笼统的激动及兴奋状态，发展为各种明确的情绪。到了儿童后期，恐惧、担忧等情绪较前期缓和，但青少年时期又有明显的情绪不安，经常紧张、焦虑，甚至罪恶感，而且害怕失败。

2. 引发情绪的情境因素：刚开始并没有特定的情绪对象，渐渐指向特定的人、事、物，而且年龄渐长情绪容易受同侪的左右。

3. 情绪表现方式：婴幼儿容易表现生理上或行为上立即爆发的情绪反应，随着社会化过程，个人会因时因地适当表现情绪，不再直接表达情绪，有时对于不安的情绪也会加以否认或压抑。

4. 情绪作用的目的：婴儿阶段多为满足生理上的需求，儿童前期则为了逃避不愉快，以及获得他人的爱与关怀。儿童后期则转为设法获得同侪的认同与赞许。青少年期是为了自我的价值，以达独立自主。

情绪发展随着个体阶段的身心发展亦有所改变，改变的并不是情绪本身的发展，而是引发情绪的刺激、面对情绪的反应与表达方式将会日益不同，情绪发展最终的结果就是可以达到成熟的情绪行为，包括能有效处理自己的情绪，适当地表达情绪，面临挫折情境时，能发展出有效的因应技巧，能重新解释自己与情境的关系，能设法避免类似的情境，也能将不愉快的情绪纾解掉，并且能够认清并适度使用各种防卫机制，而在负面情绪无法自行纾解的时候，也懂得适时地寻求专家的协助。

二、青少年的情绪特征

阿明与阿强为了是谁打破窗户大声争吵，双方互不相让，越吵越大声，两人的火气也越来越大，结果只见阿强突然拿起碎玻璃朝阿明挥去，把阿明割伤流血，一看到血，阿强也愣在一旁，不知道自己刚才怎么会如此冲动，觉得懊悔不已。

血气方刚的青少年很容易陷在此种激情状态中，当人的激情发生时，大脑皮层失去对皮层下神经中枢的控制功能，皮层下神经中枢的活动占了优势。此时，人对周围事物的理解力降低，对自己行为的控制力减弱，常常意识不到自己在做什么，也不能预见行为的后果，结果就因此而闯祸了。

有些青少年的情绪具有明显的两极性，反应强烈，富于变化，处于激情状态时就不可遏止，最容易因为一时冲动而情绪失控，因而犯下滔天大罪。

青少年不成熟的情绪发展，通常可以由以下若干的现象加以观察判断：情绪的表现比较极端及强烈，是全有全无（all or none）及冲动的情绪反应，缺乏延宕的可能；其次，情绪的表现比较僵化及执着，是一种习惯定向情绪反应，并长期停留于某一情绪状态中，久久无法释怀；此外，情绪的反应与事实不相称，情绪的可能反应难以预期，是一种扩散式的情绪反应，常涉及无辜的人事物且常是不可理喻的；另外有些情绪的反应不符合社会规范及不被容忍，是一种反社会或非社会的情绪反应，无法以社会赞许的方式来表达和控制情绪的反应；最后，不愿与他人沟通也不在乎他人的感受，没有人能了解他真正的情绪状态，是一种自我防卫式的情绪反应（庄怀文等，1990）。因此，如何学习表现成熟的情绪也成为青少年重要的发展任务。我们可以将青少年阶段的情绪大致归纳出以下几种特征：

1. 情绪是纷扰不稳定的：情绪反应的激动及起伏程度较高，成功时或受到某种鼓励时，情绪高涨，一旦遇到挫折或失败又马上陷入极端苦闷的状态，心情低落无精打采。同时对情绪刺激敏感多疑，常会为小事而大闹情绪或表现极端的行为。

2. 情绪具有易冲动性与爆发性："血气方刚"的青少年精力旺盛，喜则手舞足蹈，欣喜若狂，怒则火冒三丈，暴跳如雷，甚至大动干戈，因一念之差造成千古恨的事情屡见不鲜。

3. 青少年的情绪具有从易感性迈向稳定性的过渡性质：容易受周围他人情绪感染，如班上同学被人欺负，同学就同仇敌忾、义愤填膺，有的还会"为朋友两肋插刀"。青少年容易受暗示并且倾向从众，所以容易发生盲目冲动的情形，不过随着年龄的递增和知识与经验的丰富累积，情绪将趋于稳定。除非心理一直未成熟，心智不成熟，处事才会冲动。

4. 情绪反应直接而感性：情绪力量强烈，情绪变化的速度快而起伏；但是由于青少年成熟与观察学习的结果，青少年更能压抑或隐藏情绪，多半不愿求助于人，因此也更容易产生情绪问题。

青少年阶段算是个体生命周期中极重要且充满挑战的转折点，此阶段除了追求自我认定、生涯定向外，也是转换到成人角色及担负责任的关键时期，因此，此阶段的发展与适应是极重要的课题。青少年一方面需要面对身心急速的变化，另一方面也需面临亲子关系的转变。亲子关系对个人的发展与适应一直扮演着极重要的角色，随着个体不同阶段的发展，亲子关系亦应有所调整与改变，尤其当子女处于青少年阶段，在追求独立自主的同时，亲子双方均面临转换的压力，而且此压力常常导致亲子间的不愉快或冲突。

青少年的转变让父母也感受到压力，这些压力主要来自：（1）子女情感依附的转变，此时子女增加对同侪的依附，使得原先对父母的依附强度降低，即使对父母的依附仍高于对同侪的依附，但亲子之间的距离似乎拉远了，致使父母不容易接受此一改变；（2）由于同侪的影响力增加，子女接受父母建议的可能性减少，使得父母的控制感降低，觉得自己不再有那么大的影响力，伴随而来的是压力、低自尊与忧郁；（3）即使父母已做好心理准备去面对子女的成长，但子女要求的独立自主与父母允许的速度仍有所差异，父母认为引导子女的发展是责无旁贷的事，子女却希望赶快摆脱父母的控制，及早建立个人认同与独立，此一家庭中的张力，也是造成父母压力与亲子冲突的来源（黄君瑜，1994）。此外，就青少年而言，青少年所面临的主要压力乃是一方面想独立自主，另一方面却又想与父母保持情感上的依附，这种微妙的趋避冲突常会引发青少年内心的挣扎与困扰，尤其还要面对环境中的挑战与压力，更易引发个体内心的冲突，造成其适应上的困难，所以此阶段的青少年也常常处于情绪不稳定的状态中。

有人认为青少年处于"风暴期""狂飙期""叛逆期"，容易感到生气烦乱，这主要是因为生理急速发育并有不平衡的现象出现，所以认为青少年情绪高昂或低落是不可避免的，而且每个青少年都会处在叛逆阶段，但事实上却又未必如此，所以随着越来越多的研究累积，心理学家提出了"情绪高涨"（heightened emotionality）的观点来说明青少年阶段的情绪发展（Hurloch，1973）。所谓"情绪高涨"是一个相对的用词，就是指比一个人正常状态时的情绪又多一些，也就是比较个体在平常的情绪反应与在特定时间的情绪反应。比如说，一个平常沉着冷静的人经验到情绪高涨时和别人比可能还是相当镇静，但是与他平常的表现比，他可能就是非常的烦乱。

持续一段时间的情绪高涨，它的影响非常深远，影响所及可扩大到生活其他方面。例如一个失恋的青少年，功课跟着一落千丈、和家人朋友争吵，无论在学校、家里或人际关系上都表现不好，让自己变成一个讨人厌的人。青少年阶段就是这样一个情绪高涨的时期，而且任何情绪，生气、害怕、嫉妒、高兴等都会比平常更强、更持久，所以青少年很容易因为被批评就陷入极度沮丧中，当然也可能接收到赞美而兴高采烈。然而情绪反应还是有性别或个别差异存在。

学者认为青少年情绪高涨并不是因为生理因素，主要是因为环境与社会因素所致，包括青少年脱离孩童阶段，需要适应新角色；被期待能表现更加成熟；需要面对异性，学习如何与异性相处；面临各项升学竞争及工作抉择的压力，得开始为未来打算，做好生涯规划，但对未来的前途又难以掌握，以及亲子关系的转换与紧张等。这些都需要青少年改变或调整旧有的思考、行为习惯与经验，开始新的做法才能满足这些要求。在此调适过程中，由于不安全感以及不确定感，青少年情绪就更加容易高涨；只有当适应良好时，所有过度的情绪才会平抚。此观点也更让我们清楚了解到青少年不稳的情绪只是个过渡阶段，随着情境需求而变化，并不一定整个青少年阶段都会处在风暴中，而是在面临一些发展任务时容易感到烦乱，因此若能协助青少年适当地调适，将可减少许多情绪冲突。

第四章　青少年情绪的个别差异

　　大家期待已久、练习多时的篮球比赛，没想到我们班还是不幸输了。小黑感到十分气愤，觉得是因为裁判不公平，故意挑剔班上的球员；小丽想到辛苦练习的过程，忍不住哭了起来；大毛很快便接受这个事实，因为"胜败乃兵家常事"，不过是许多比赛中的一场而已；小美看到大家那么难过，感到浑身不对劲，便开始安慰大家，希望能舒缓弥漫在教室中的悲伤情绪。如果你面对这种情形，你会做何反应呢？你的感觉是什么？

　　从上面的情境中，我们可以发现，即使面对同一件事或同一个情境，每个人所产生的情绪也会有所不同，强度也不一样。在情绪感受与表达上，也因性别的不同而有所不同，为什么呢？简单来说，正因为个人都是独特的，所以即使情境或外在刺激相同，个人所经历的内在心理历程却大不相同，因而情绪也会有所不同。

　　因为每个人各有一套看待世界的规则，此乃是根据个人经验累积形成的架构，无论做事情、心情感受，都会在无形中依照这个架构来决定要采取何种应对方式。但是，我们未必清楚自己看世界的架构为何，它与我们的情绪之间有何关系，以及它对我们的生活有何影响。若要了解情绪的个别差异，我们有必要加以认识这个架构的形成，追溯个人经验的形成过程，包括我们在成长过程中同时接受的中国社会文化、家庭教养的滋润与规范。而性别因素及对性别角色的期待亦发挥着潜移默化的功能，至于某些个人特质更是直接与特定的情绪经验有关，这些都会影响个人经验以及看世界的架构。因此，本章首先探讨社会文化与家庭中教养态度对情绪的影响，其次讨论不同性别对情绪的经验有何差异，最后则探讨某些人格特质与情绪的关系。

第一节 社会文化与情绪的关系

一、社会文化与情绪的关系

过去二三十年来学者对情绪的研究着重在生物因素与情绪的关系上，然而，有些问题却无法从这个研究取向中获得合理解答，如羞耻感与罪恶感如何区分？面对相同困境时，中国人与美国人所经历的心理历程是否相同？为什么会有差异？直到近来通过许多跨文化的观点（crosscultural）对情绪的分析与研究才认识，情绪不只是天生或生物的因素，也通过社会及文化的过程形塑，且受社会文化影响，如坎波斯、坎波斯·巴雷特（1989），弗里达（1986），卢兹（1988），奥尔托尼·特纳（1990），罗萨尔多（1984）等研究皆揭示此点。

在个人对情绪的认识、对情绪的表达，以及对情绪的认识之发展过程中，社会文化扮演着重要的角色。正因为不同文化对攻击、满足、失落、冒险等行为的定义不同，对这些行为有不同的归因，对于这些行为反应是否属适当也有不同的看法，这些差异都会连带影响到个人在情绪方面的反应与感受，乃至于情绪的表达。例如，不同的文化对"生病"有不同的看法，可能归因于细菌、神明、机会或个人道德操守不佳等，影响所及，处于不同社会文化的人对"生病"所产生的反应与情绪就有极大的差异。简言之，几乎所有的情绪经验都反映出人类的本质及社会文化的脉络。

但是，这并不意味着文化之间无相似处，人类在情绪上仍有共同点。许多研究都证明，如果来自两个不同文化的人，对某事件的评判方式正好相似，那么其所产生的情绪也会极为相似，有些理论还指出有几种情绪是超越文化鸿沟、普遍存在的，如害怕、悲伤、快乐以及生气。

值得注意的是，即使这些情绪是跨文化的，不同文化判断此情绪的表达方式是否合宜的标准还是会有所不同，所以相同的情绪，在不同的文化中就有不同的表达方式与意义。如"生气"，其表达及意义便因文化的不同而有差异，爱斯基摩人对生气采取谴责的态度，但在某些阿拉伯群体中，一个男人若无法表现出生气则被视为不光荣。这与许多学者的看法正互相呼应，即情绪的主要功能在使个人能在环境与事件中表现适宜的行为，目的则是为了个人福祉（Arnold，1960；Plutchik，1980；Scherer，1984）。可见，个人能否感受到某种情绪是一回事，至于能否将感受到的情绪以合宜的方式表达又是另一回事。而社会文化有时正是扮演着规范情绪、使其合宜的关键角色。因此，当我们试图对情绪有更深入的了解时，从较为宏观的文化观点着手亦能提供许多值得思考之处。

二、中国文化与情绪

霍村（1989）回顾有关中国家庭社会化的文献指出，中国传统的父母在教养子女时强调孝顺与服从，从幼年起子女的主动性及探索需求就被抑制，成年子女则被容许继续依赖父母，不必急于离家以建立其独立性，这些或多或少会影响到个人情绪独立的发展。伊怡、杨娇与巴恩斯（1990）认为儒家社会不强调个人的自主性与独立性，李美枝（1996）也提到中国人很少将自己视为孤立的实体，视自己如父之子、兄之弟，是家里的一个有机成员（许文耀等，1998）。此外，中国的文化体系较强调情感联结，还可从传统的孝道伦理中获得验证。相对于中国文化看待个人的方式，西方文化则较着重独立自主，视个人为一个独立完整的个体，重视个人成功、独特性以及胜任的能力（Hsu，1981；McAdoo，1993）。由此可知，虽然东、西方文化均重视家庭中的"独立自主"与"情感联结"两股力量，但是在个人和家庭的离与合过程中，两者所强调的重点却不同。

当前社会变迁快速，青少年越来越受西方的文化影响，然而在此情形下，家庭关系的维系与改善仍胜过于对独立自主的追求（许文耀、吕嘉宁，1998），情感联结仍是中国人较注重的家庭功能。但是如果因此导致个人无法区分彼此的差异，则家庭成员间很容易过度干涉，人我交织一起。这种过于紧密的关系常将个人的情绪卷入其中，如同在旋涡中打转，难以发展出成熟且独立自主的情绪，即使已经长大成人甚至离开家了，与家人在心理上并未分开成各自独立的个体。最明显的状况发生在当家庭中其他成员出现悲伤、气愤、罪恶感等较负向的感觉时，许多人会发现仿佛自己也应该承担一部分责任，最好是能安慰或取悦对方，让他心情变好。如果不能够做到让对方愉快，则至少要配合着对方的情绪来调整自己的行为与情绪，不能一副置身事外的样子，更不能出现快乐的情绪，因为那会显得你不关心家人或幸灾乐祸，所以即使自己有值得高兴或庆贺的事，还是要克制或压抑兴奋或喜悦之情。如此一来，将因为不放心别人有自己调整情绪及自行解决问题的能力，而使自己过于努力，想要帮上忙、想要表现出"很有功能"的样子，在不知不觉中就为对方的情绪负责，而自己真实的情绪也模糊了。

　　然而，人终究要离开父母独立自主，割断脐带做大人，在此过程中，"分离—个体化"便可以促进个体形成清晰的自我界限（selfboundary）以及稳固的自我认定（selfidentity），使人更加成熟。反之，人我界限模糊的关系则使个人失去对自己的认同，过度融入家人的生活而相互牵制干扰，这种共生共息的关系对个人的独立、情绪成熟等各方面的适应会造成许多负面影响。"分离—个体化"的概念源于心理分析学派，所谓"分离"是指婴幼儿从重要的人中分离或分化出来，有清楚的自我心理表征；"个体化"则包括心理内在自主的演进，逐渐发展出自己的性格特征，并显现自我功能和自主运作的能力，不需要再完全依赖父母亲（Cashdan，1988）。

　　发展理论大多假设分离—个体化与生活适应有正向的关系，而青少年的情绪或行为困扰又多与亲子分离失败有关。雷斯利等人（Lapsley，Rice & Shadid，1989）的研究发现，大学新生常常比高年级学生更加依赖父母，尤其是在心理依赖母亲较多的新生，适应困难也较大。若没有与父母发展良好的心理分离—个体化关系，那么青少年容易出现情绪问题、形成自恋或边缘型人格，遇到挫折时严重者易有自杀的倾向。罗贝兹等人（Lopez，Campbell & Watkins，1986）测量沮丧、心理分离与大学生适应之间的关系，发现沮丧和对父母的依赖有关，而情绪依赖者则出现较多的焦虑。大学咨询中心所发现的学生问题如忧郁、焦虑、人际困难等，似乎也都与分离困难有关。国内方面，蔡秀玲（1997）研究大学生个体化与适应的关系，发现大学生所面临的个体化发展任务确实与适应情形之间有关系，尤其对个体情绪适应的影响最大，亦即大学生的情绪问题，部分是源于个体化的挣扎，当学生无法在关系中维持适当的自主性与情感联结时，容易产生较多的情绪问题。

　　综合所述，个体要克服心理上的分离以走向自主的过程，常会牵动个人的情绪，影响整体的适应，此情形不论中外何种文化皆然。唯中国家庭成员间普遍较黏结的关系以及对孝顺的见解，都更加剧此过程中的心理挣扎与矛盾冲突，延长此分离—个体化的过程，也使情绪成熟的时机延后。因为在寻求独立与情绪自主的过程中，离开父母、转而靠自己时所产生的不安与焦虑，以及心理分离时所伴随对不起父母的愧疚感、沮丧、愤怒、罪恶感等情绪，都使个人经历着极大的心理冲突，在这种多重心理压力之下，常造成我们在适应上的困难与障碍。

第二节　家庭与情绪

　　家庭是生养个人的源头，举凡父母的教养方式、父母与子女的关系，或是家庭中不成文的习惯或规则，都与我们个人的情绪发展、情绪表达的方式有关系，父母若能教导孩子了解情绪的意义，知道如何表达情绪，将有助于他们日后的发展与成功。尤其现今社会中越来越多双薪家庭，许多是将孩子交由祖父母或保姆照顾，年轻一代的父母亲不像以往的家庭形态有许多与孩子相处的时光。研究儿童注意缺乏症的巴克里（Barkley）博士便针对此建议，家有难缠儿的父母每天需花 20 分钟的"特别时间"在子女身上，以确保孩子能受益于肯定式关爱，尤其对遭受太多批评和负面注意的孩子更重要，这样的亲子互动将有助于子女的情绪发展（薛美珍、谌悠文，1998）。此外，离婚率攀高，单亲家庭增加，家庭的组成在质上已经与传统家庭组织有所差异，诸如这类变动益发凸显出家庭与个人情绪发展的关系密切，影响所及广涵个人生活诸多层面。

一、父母教养与情绪

　　父母的教养方式是在某种社会文化传统之下一般家庭养育子女的方式，涵盖范围广及行为规范准则、卫生习惯、喂奶方式、情感表达、奖惩方式及对儿童管教的性别差异等（张春兴，1989）。发展心理学家因此认为儿童教养方式与其人格发展有密切的关系，与情绪发展的关系亦然。由于大多数家庭对"黏结"与"分离"的观感，依此原则延伸，便不难理解多数父母的教养方式中为何充满浓厚的权威与控制感。许多父母在生理需求上尽量给予足够的照顾与满足，但是常常忽略心理上的需求，即使子女感受到父母的爱与关怀，却不易察觉父母的尊重与信任，而任何与情绪有关的问题更多是只能靠个人自己克服。

　　有关父母教养的相关研究一直都受到学者的重视，概括来分，教养类型包括积极的教养方式与消极的教养方式两种。积极的教养方式使子女拥有较多快乐的情绪经验，较少有退缩与神经症状出现（Kashani, Hoeper, Beck, Corcoran, 1987），在人格与适应上有良好的发展。反之，消极的教养方式则易阻碍子女的正常发展，形成适应困难（欧阳仪，1998）。例如，克鲁克、拉斯金·伊莱昂（1981）在一项针对 714 位成年忧郁症患者的研究中发现，这些人评定自己的父母是敌意的、疏离的与拒绝的，而对这些病人的亲友、手足谈访，确定病人父母确实采取否定、敌意的教养方式。

在家庭中最常见的三种教养方式为：独裁型、放任型、民主型。由于教养方式各具特色，子女在其中所感受的情绪以及发展出的应对情绪的方式也就有所差异。

（一）独裁型父母

他们对孩子有极高的期望，所以要求与限制都很多，孩子不能反对，更不可能去问规则何以如此，通常持这类教养态度的父母会较少给予情感上的支持与温暖。此种教养态度下的孩子，常在学龄时期显露出内在的冲突，没有安全感，对自己的要求很高，就好像父母对他的要求一样，甚至变得过度挑剔自己。因此，其情绪上常充满罪恶感、沮丧、焦虑，以及缺乏自信。

（二）放任型父母

这类父母通常会给孩子很多爱，但是对孩子缺乏规范，给的信息多是不明确的，造成孩子从小就没有学会对自己负责。由于规则对他们来说是很陌生的东西，所以他们较不能自我控制，外显的行为问题较多，成人后情绪上常感到受挫、不快乐。

（三）民主型父母

采取这类教养方式的父母倾向对孩子期望高，有确切的教养规则，但会向孩子解释为什么要如此规范的理由，而且容许孩子有不同的意见，使彼此有讨论的空间。因此，孩子通常具有较正向的情绪经验，自信、乐观，自我控制较佳。

归纳父母教养态度的相关研究，大致可以获得以下结果：（1）拒绝的父母使子女难以和他们亲近，易产生低自尊、缺乏安全感、攻击行为较多；（2）教养态度较倾向忽视、忽略的父母，子女在情绪上有较多的气愤、害怕、忧伤、担心，因为孩子不论如何努力都很难得到父母的注意与真正的关心；（3）过度限制的父母，易使孩子失去信心而形成负向自我概念，并且较多被动依赖、恐惧、畏缩、敌意、缺乏自尊心的情绪与行为；（4）独断权威的父母则造成子女情绪不稳定，以及自卑、焦虑、悲观的退缩倾向；（5）过度保护的父母使子女受到压抑而缺乏信心；（6）民主的父母既权威又开明，会以引导代替控制，使子女较具有自信、独立、想象力、适应力佳、高情商。

中国父母因为"望子成龙、望女成凤"的心态，在教养子女时普遍有着高度期望、过度保护的心理。虽然父母怕孩子受伤害，多多少少都会限制孩子的行为，这本是人之常情，然而，保护心理过强的父母则可能表现出很焦急的样子，因为他们不放心子女的能力，甚至对子女所做的每件事都要干涉，再三检查。这些感觉与做法会在无形中通过表情、声音、情感传达给子女，子女感染到这份来自父母的焦虑，久而久之便怀疑自己的能力与判断，感到挫折、沮丧，容易迟疑不定，在探索和尝试新活动时犹疑不定，影响其发展独立能力与自信心的建立。此种焦虑的情绪形于外可能是畏缩胆怯，亦可能是充满挑剔与攻击性、愤世嫉俗的行为，长期下来，不仅缺乏问题解决能力，也无法妥善管理个人情绪。

此外，在教养的过程中，父母亲或照顾者的性格因素与心态对孩子的情绪发展也有很大的影响。例如"抑郁"，父母落寞寡欢地生活在他们自己的痛苦世界中，在情感上和子女的距离就会很遥远，使他们以非常单调、机械化的方式来对待子女，对子女的需求所做的回应势必单调且少数。如此一来，子女也会很难对环境或他人产生亲近感，因为他所曾经验或感受到的爱意实在太少了。另一常见的现象是对情绪过度压抑，虽然不孤僻也不抑郁，却也不会流露出太多的想法与感情，这样会使孩子觉得这个世界似乎毫无乐趣，也会使子女面对情绪的经验匮乏，一旦遭受强烈的情绪冲击便不知如何是好。

二、家庭中的规则与情绪

我们最早是从原生家庭中看到家人对情绪的处理方式，从而模仿、内化学习了这些态度与方式。如果平时在家里面就能公开表达情绪，可以没有顾忌地让家人知道你正处在难过或其他情绪中，并且能够更进一步和家人谈谈自己的心情故事，征询他们的意见或支持，便较能培养出思考以及与他人沟通的能力；如果是在一个压抑感情、欠缺沟通的家庭，我们很少有机会看到家人适当地表达情绪，而且表达出自己的情绪可能会挨骂或被处罚，或是根本不受到家人重视，我们便可能成为"情绪上的哑巴"。如果从小看到父母或家中成员面对问题时，多是焦虑、暴躁的态度或是干脆逃避问题，又怎么期望我们能够理性面对自己的问题，处理自己的情绪呢？

家庭的运作方式有一部分取决于它的"规则"，每个家庭中都会有其不成文的规定，好像是家人间的"默契"一样，家庭中这些表达情绪的方法便是家庭规则的一部分。虽然这些规则没有明文写下来或说出来，却心照不宣地在家庭成员互动的过程中以不同的形式出现，如"不能批评母亲""父亲说的就是对的""没有事情是钱不能解决的""哭泣代表懦弱"等。这些家庭中的隐性规则影响我们至深，从认知结构、情绪状态、行为模式到人格特质，无一不受到家庭规则的无形约束，这些规则甚至会成为一生中的生存法则（survival rule），主宰我们在人生中做许多重大抉择，不论是在人际、婚姻、生涯、亲子上都扮演着重要的角色（王行，1994）。以下所举例的便是你我可能都耳熟能详的一些家庭中的规则，当然，除了这些语言上听得到的规则之外，还有许多规则借由非语言的眼神、姿势或表情传达。

1. 不要自夸

当我们因成功获胜而高兴时，总会刻意避免表现出得意或沾沾自喜的样子，我们常会说："这没什么了不起""运气比较好""做人要谦虚"。父母更从小就叮咛我们，务必恪守"树大招风、骄者必败"的警示，否则就会招惹来不好的下场。然而，有时候自夸是自重和自爱的表现，未必是傲慢、骄傲的行为，死守此规则的结果便脱离不了低自尊、没自信。

2. 不要哭，不要表达出悲伤的情绪

男生哭是懦弱的表现，而女生哭则是麻烦的事，总会让人心烦意乱。跌倒了，遇到挫折与失败都要自己设法再站起来，不能够有情感脆弱的一面，因为这不仅丢父母亲的脸，也代表你是无能的、经不起考验的、具依赖性的人。但从另一个角度来看，我们明白为了因应每天大大小小的刺激，相当程度的挫折容忍度是必要的，但并不表示要压抑自己的情感，眼泪有时在述说着动人的故事，只待我们用心体会。

3. 不要生气

不要激动、不准发脾气、不可以有冲突，因为这些是攻击他人的举动，要谨守"忍一时风平浪静"，千万不要表现出你真正的感觉，否则别人可能会伤害到你，你也可能因此伤害到他人。从中国人讲"和气生财""家和万事兴"中，也可看出保持和谐、和平是人际互动中相当重要的原则。然而，年幼的孩子根本不会区分何时该生气，何时不可以生气，这种人我界限模糊的状况极可能伤害自身安全及利益；此外，为了维持表面的和谐，情绪总是不断累积，不小心就爆发开来，使得彼此可能针锋相对，然后各自因受伤受委屈而退缩回到自己的世界。

4. 小孩有耳无嘴，不要多话

在长辈面前不要有太多意见，应该和大人配合才是家教好的小孩，不然就是目无尊长、没大没小。久而久之，却也使得我们不敢自由地发表自己的看法，不敢面对真实的自己，反而习惯否定自己的情绪，因为所感受到的、察觉的都一并被否认及忽略，容易导致我们不仅对自己没有自信，也对周围的一切变得冷漠麻木。

5. 一定要成功，否则别人会看不起

父母常不断督促我们：要努力，要吃苦耐劳，不断前进。在成就取向的社会中，竞争已经成为常态，要想出人头地就要不断努力，不能放松，因此生活中也不能有太多玩乐或趣味，否则就是玩物丧志，甚至得摒除一切情绪，因为谈情绪、谈感觉对获得成就并没有实质作用，都是多余的。然而，这样的生活方式真能使人获得幸福吗？值得深思。

6.坐有坐相，站有站相

要保持良好的形象，甚至在自己家里，有些人也不能很自然地表现出自己的模样与状态。你更不能把情绪写在脸上，总是要维持和颜悦色，一方面是因为"伸手不打笑脸人"，要随时保持笑容才能留给别人好印象；另一方面则是，如果你情绪不好，其他人的情绪就要跟着受影响。许多形式上的要求常常遮盖住真实的情绪，使我们忘了本来的感觉，情绪因此找不到出口。

7.一切良好，什么都没有发生

家庭中某些成员的行为被视为羞耻、有辱家门时，则家人间对此事绝口不提，假装什么都没有发生。常见的情况，如患精神疾病的家人、未婚怀孕、负债父母已影响到家计、子女功课太差被留级等，因为害怕去面对真相，就装作什么事都没有或者想尽办法遮掩，问题永无解决之日，情绪也无法抚慰。

8.所有人的意见要一致，不能有个别差异

因为同是一家人，所以不能有"不同意"，我们都听过父母对子女说，"如果你爱我，如果你是我的小孩，你会照着我所希望的去做，我们要有相同的感觉和相同的想法"，如果有任何一个人表现的行为或想法与其他人不同，就有受到威胁或受伤害的感觉。从小到大，我们或许都遇过类似的状况，自己想要买的东西与兄弟姊妹的不同、自己想念的学校与兄弟姊妹或是与父母的期望不同，自己有兴趣的事物不被家人认同等，这些都使我们成为父母眼中的"制造麻烦者"。问题是，为什么不尝试将这种个别差异的事实当作探索、改变、学习和刺激的机会呢？

每个家庭都有不同的表达习惯与面对情绪的态度，各民族也有些共同的谚语，这些不成文的规则流传已久远，人们却不明就里以致曲解其意或只做片面解释。例如，有些家庭强调生气的严重后果，所以家中成员都知道要避免生气，否则就会惹得"天地不容"，成为破坏家庭和谐气氛的罪人。有些家庭则是对哭泣有禁忌，认为那是不成熟的表现或者迷信会因为哭泣而带给家人厄运。有些则对赞美有特殊的看法，总以为多称赞几句容易使人变得骄傲，就会变得不努力，尤其是对小孩子，如果多加赞美就好像一定会失败等。久而久之，这些未被明说出来的习惯或是家规就成为我们个人在面对情绪、表达感受时的最高宗旨而不自觉，即使是已经感到愤怒或悲伤，你可能发现自己很难表现出生气或是不太容易哭泣，却无从得知原因何在；另一种可能的情况则是：你生气或是哭泣了，可是你也被自己吓到了！"我怎么会这样失态？"变成你情绪流露后最大的疑问，心中甚至有点罪恶感或丢脸的感觉，仿佛因为你生气或哭泣，就会伤害他人，你就不再是那个原来的你！于是日后更加努力自我控制，不让情绪轻易表露。

爱丽丝米勒（Alice Miller）将不合宜的家庭规则称为"毒性教条"，之所以如此称呼，是因为它将"服从"当作最高原则，此外还得遵守整齐清洁、控制情绪和欲望的原则。在此情形之下，身为子女的人只有按照指示去行动和思考时，他们才是"好孩子"，当他们表现出讨人喜欢、替人设想、不自私时，他们才会被认为"品德优良"（郑玉英、赵家玉，1993）。这些规则使我们自幼便开始发展一套符合规则的行为模式，并且也形成一个保护自己、不去面对真实痛苦感受的"假我"，如同厚厚的盾甲，包覆住真实的情绪。久而久之，真实的感受就冰冻了，而我们一旦违反这些规则时，内心就会出现指责声，指责我们没有照着指示去行动，于是这些自我贬抑就损伤了自我价值。

最初，这些隐性规则的目的多在于维持家庭和谐的气氛，"不要生气""不要哭""不要垂头丧气"等，本意都是不希望个人因素影响到其他家庭成员的情绪，不只父母如此要求子女，有时夫妻之间也是如此谨守界限。然而，意外的是，家庭气氛并没有因此更加和乐融融，太多无法说出口的压力与伤痛只能由个人独自承担，自己想办法解决，反而使家人"貌合神离"，仿佛有道墙阻隔着彼此，无法有真实的接触与交流。拒绝真实的感受所付出的代价就是：彼此都有着"不被了解"的苦恼，此时，叛逆又需要归属感的青少年就极容易在心理上由家庭"出走"以寻求情绪支持，如果此时结交到的朋友恰巧品行不端正或行为偏差时，便使自己陷入充满诱惑的困境，可能产生逃课、离家或其他行为问题，令人担忧。

此外，为维持平和的家庭气氛，有些秉持"家和万事兴"的父母会刻意淡化事件的严重性，有些坚守"不要有情绪"的父母会力求控制自己的情绪，对子女则着重教导正向的情绪，造成即使小孩不恰当的行为已经惹恼了自己，却刻意隐藏自己的愤怒，转为跟孩子说"你这样做让我很伤心、很失望"等之类的话。因此，即使上述例子中子女感受到的是正确的生气情绪，却因为父母"标示"（labeling）错误而影响到子女对情绪的了解，根深蒂固后将对日后情绪发展与人际互动造成不良的影响（Jensen, L.C.1979）。

至于这些隐性的规则究竟是如何传递到下一代的呢？原因很简单，因为我们出生下来是被照顾者，必须依赖父母亲或其他照顾者的抚养与照料，否则生存将遭受威胁。在此情况下，父母几乎可说是子女心目中的神，理想且完美无缺！很容易将一切以父母为依归，所以一旦自己的表现不合父母的信念或要求时，我们自然会认为错的是自己，因而扭曲自己的需要与想法，为的是符合父母的旨意，以求生存或获得更多赞美。有时情形则是另一种较极端的状况，因为受不了严格的要求而反抗，拒绝合作，事事唱反调。经过此过程，上一代表达情绪、处理情绪的方式自然就延续到下一代，即使日后发现这些规则的不良影响想破除，心情却十分矛盾，因为这些规则从小耳濡目染，早就内化成我们价值观或人生观的一部分了，要割舍或摒弃是不容易的。当我们试图做些改变与调整时，心情却十分复杂而纠葛，混杂着背叛父母、担心伤害父母的情绪。由此可见，家庭中的隐性规则如何影响着我们的情绪！

以下这段常见的短文便可为个人的情绪经验与家庭的关系下最佳的注解。

从生活中学习——

若孩子生活在批评中，他就学会责难；

若孩子生活在敌视中，他就学会攻击；

若孩子生活在嘲笑中，他就学会胆怯；

若孩子生活在宽容中，他就学会忍耐；

若孩子生活在鼓励中，他就学会自信；

若孩子生活在赞美中，他就学会欣赏；

若孩子生活在公平中，他就学会正义；

若孩子生活在安全中，他就学会信任；

若孩子生活在赞许中，他就学会自爱；

若孩子生活在接纳中，他就学会从世界中寻找爱。

第三节　性别与情绪

或许你曾经听过母亲或女性朋友对你发牢骚，关于父亲或男友不跟她说话，或是当她讲自己的心情他好像听不懂，也或许你自己就常陷在类似的情境中。这种"得不到回应"的情况反复发生几次之后，女性由于害怕受伤便放弃，下结论以为他不想跟她讲话、不想听，或是他不再爱她了。而男性所体会到的事实又是怎么一回事呢？约翰葛瑞（John Gray）博士认为男性在和配偶亲密到一个程度时，他便有"我需要一些空间""我需要独处"的感觉，目的是为了自主的需求，所以当女性太过靠近时，男性便会远离，以摆脱受控制的感受（苏晴，1995）。

上述情形中，女性常误以为只有自己单方面的努力促进两人的亲密，而对方却不在乎，产生无助、孤独的感觉，由于惊慌、挫折、沮丧以及愤怒、怨恨的情绪不断累积甚至发泄，影响沟通也危及彼此信任的关系。性别不同，对沟通方式、想法、感觉、认知、反应、需求、表达等的态度也非常不同，葛瑞博士便曾传神地解释此差异情形乃源于"男人从火星来，女人从金星来"！

不论这样的差异是来自生理、教育、家庭教养，或是社会文化等历史因素，男性与女性对事件所引发的情绪、表达情绪方式，以及因应的策略迥异，如果双方能更了解彼此对感觉、对处理情绪的观点，定能相处得更自在、更和谐。研究显示，在情绪表达方面，女性对情绪的沟通与表达感到较男性自在、较有耐心，也较清晰（Miller，Berg & Archer，1983），对非语言信息的传达与接收也较为熟练（Hall，1978），较了解他人的感觉并且善于处理情绪的相关问题，而男性则易于谴责处于沮丧的人，忽略对方的感受（Burleson，1982）。但是，男性也有情绪处理方面的长处，在一项有关"婚姻中的沟通"之研究发现，先生对保持和谐、解决冲突较积极而冷静，对太太的感觉较关心，在保证、原谅，以及尝试妥协的频率都较多；太太的反应则多是要求公平，不然就是有罪恶感或者采取冷漠与拒绝的态度对待，企图以心理上的压力来影响伴侣的行为（Raush，Barry，Hertel & Swain，1974）。

男、女大脑的构造不同也造成女性的感情洞察力优于男性，影响所及，情绪的感受及表达方式也有颇大的差异。虽然男性的大脑较大，但是连接在左右两半球的纤维组织方面，却是女性较占优势，所以布洛博士说："女性同时运用大脑两半球来扫描问题，使她们善于观察感情真伪，并具有人性敏锐的洞察力。"如此一来，女性对与感情有关的情绪自是较敏感。倘若个人在两性关系或感情问题中调适不良，又无纾解的渠道，加上社会对女性表达愤怒等较具攻击性之情绪的负面刻板印象，使得两性关系中的紧张无法舒缓时，悲剧极容易发生。

性别不同，天生的气质（temperament）也不同，连带地情绪反应亦有所差异。气质是指生来便具备的行为倾向，阿诺德·巴斯和罗伯特·普洛明定义出包括情绪性、活动性以及社会性在内的三类气质。其中，情绪性气质代表我们情绪引发的程度或兴奋度，它包含了三个成分：沮丧、害怕和生气。当我们描述一个人在"情绪"中，意思是他很容易就会不高兴并且容易爆发出来，最理想的情绪性程度，是刚好让人在紧急状态中引发他快速和警觉的反应。情绪性气质因性别不同而有差异，尤其是情绪反应的形态，如在幼儿园中，女孩常因为意外伤害，如跌倒流血而哭；男孩则常是因为挫折而哭，如与大人冲突、玩具被夺等。

有些时候则会因为生理状况的变化而影响情绪反应，如女性月经周期以及更年期的情绪状况。很多人相信女性在月经来潮的 4 天内以及排经的 4 ~ 5 天内会有情绪忧郁、腹胀或其他身心不舒服的情况，这些身心变化可能与性激素成分的变化有关。女性正面情绪最高时，性激素分泌量也很多，约是排卵期；情绪低潮时则性激素分泌量低，约为来经前几天及排经期间。由于这种"月经前的忧郁"是一种普遍的观念，可能有些女性预期自己将会发生同样症状而真的感觉到自己发生此状况，产生所谓的"自我实现预言"，情绪因而受到干扰。

从某些情绪方面的病症亦可了解性别的差异，如有关忧郁症的研究便可说明情绪的确存在着性别差异。研究中发现，女性得忧郁症的比例比男性高出两倍之多，而女性对事情发生的解释以及归纳方式正是沮丧的主因。斯坦福大学荷西曼（S.N.Hoeksema）发现当情绪低落时，女性想找出情绪低落的原因，她试着分析情绪，反复地想（reflect）；相反地，男人碰到事情会到外面打球或做喜欢的事来忘记不快。在男性和女性的日记研究中也发现同样的行为模式，男性和女性各自在情绪不好时将所做的事情记录下来，结果男性设法转移自己对情绪的注意力，而女性则思考、分析情绪。荷西曼称这种强制性的分析为"反刍"（rumination），是造成忧郁症中性别差异的主因，而万一对情绪分析的结果总是悲观时，很不幸地，便导致个人沉溺在沮丧的情绪中无法自拔，甚至使情绪低落的问题恶化为忧郁症。此外，有关焦虑、恐惧的研究中，麦克比与杰克林（Macooby & Jacklin, 1974）综合这方面的研究发现，结果通常只有两种，一是没有性别差异，二是女生的焦虑分数高于男生。另一有趣的现象则是男性在说谎量表上得分高于女性，其他研究也证实男性的自我防卫倾向较强。其分析认为，女性的焦虑分数较高可能是因为比较不会刻意去掩饰自己的焦虑或者女性比男性更容易将自己的行为归因于恐惧所致（李美枝，1990）。

此外，社会化过程中，一般人对性别角色的期待亦会干扰或打击个人对情绪的处理。心理学上的性别角色涉及态度、动机、人际关系形态以及人格特质的差异，不单指人际应对中的角色，如夫妻、父母等。社会上普遍存在性别刻板印象，典型的男性象征着勇敢、侵略、积极、权力与尊严，而典型的女性则被塑造为温柔、乖巧、顺从，拥有滋养的能力，却缺乏活动力与侵略性，因而在家庭、社会甚至学校的教化、养育过程中，常常不自觉地强化不同性别所符合的行为。倘若个人与该性别之典型行为表现相距太多时，则会招致许多外来的压力或异样的眼光，如说话较大声，或是不拘小节的女性常被冠以"男人婆"之类的绰号，而男性若表现较柔顺则常被冠以"娘娘腔"之类的绰号，这对处于群体中的人都是一种无形但沉重的压力。个人的行为表现和一般人对性别角色的期待不一样，常会导致个人心理上不安、焦虑的情绪，严重者则可能忧郁、退缩，也大大限制男女的潜能发展。

对异性的特色更加了解以减少误会是在管理个人情绪时必经的过程，除了可以减少因摩擦而使个人产生坏情绪，也具有提升与滋养双方关系的正向作用，然而，这并不只是由认知上的了解便可达成，还需要不断地练习才能达成。

第四节　个人特质与情绪

一、人格特质与情绪

普朗契克（Plutchik）观察人们在社交情境中复杂的情绪之反应，认为人格特质和情绪为同一物，两者相同，他说："一种人格特质就是一种倾向或一种气质，以特定一致之情绪的反应对人际关系做出反应。"（Plutchik，1980）他进一步指出，当人们展现出某一种人格特质时，相对应表现出来的行为几乎是固定的，所以一个有敌意的人不会如其他人般只是偶尔生气，他会经常生气，以至于别人认为这是他人格特质的一部分；而一个生性退缩的孩子可能足不出户，在学校也很少与人交谈，进入青春期后极可能有严重的忧郁倾向。当一个人的情绪混杂、处于冲突中时，人格特质会反映出拉扯的情绪，而处于此情绪状态的人通常会感到困惑，被卡在两三种冲突的行动中。举例而言，当我们被所爱的人激怒时，我们会因又爱又生气而变得困惑，因为我们既无法离开他们，但是又很难忍受他们令人恼怒的习惯，如不负责任、尖酸，等等。

二、沟通形态与情绪

人在压力中所表现出来的行为举止是经过日积月累后所形成的习惯反应方式，可说是个人特色的一部分，深深影响着个人的人格特质与情绪适应状况。每个人有自己习惯的沟通形态，甚至对不同的人也会有特定倾向的沟通形态。举例而言，你回想一下和妈妈之间的关系，如果因某事而使彼此关系变得较紧张时，你的反应通常是什么呢？你的行为表现、想法、情绪感受各是如何？遇到这种状况，有些人总会觉得自己很对不起妈妈，不应该辜负她的辛苦或好意（这是想法的部分），所以最后通常是顺从妈妈的决定或赞同她的看法（这是行为的部分），希望能弥补一些不愉快，至于自己的情绪感受则通常被忽略，很少顾及。家族治疗大师萨提尔（Virginia Satir）将一般人在面对压力时，与外界沟通的形态分成四种类型：指责型（blame）、讨好型（placation）、超理智型（superreasonableness）与打岔型（irrelevant）。

（一）指责型

指责型的人在面对压力时，习惯的反应是希望自己能够掌控局面，因此常会看到令自己不满意的地方而力求改进，这种求好心切的情形往往使自己压力更大。他们也很容易把愤怒的箭头指向他人，责备或挑剔他人，这种攻击性的情绪（如生气）常会造成别人的压力，至于对自己的害怕、渴望、难过等内在脆弱的情绪则感到沉重。可见，指责型的人不能包容别人的弱点，也同时不能接纳自己的缺点。

（二）讨好型

讨好型的人在面对压力或困境时，常常是先反省自己，看看自己哪里做不好或是够不够尽力，他们内在的感觉是：我没有什么价值、我什么都不是，所以他们面对压力的模式便是敏感地替人设想。如此一来，他们常有过多的责任感、强烈的自责与歉疚感，而牺牲式的行为也使得他们负担过重，造成了讨好型的人常常不快乐及沮丧的情绪。矛盾的是，有时他们又将这种行为当作成熟以及有责任感的表现，并上瘾于其中。他们最怕察觉到自己内心的需要，因此不断逃避自己的渴望，将自己的渴望投射到别人身上，所以敏感、体贴地观察他人之需。

（三）超理智型

此型的特色是面对压力时一点都不情绪化，可以轻易地跳脱开来，直接分析压力事件的来龙去脉，完全忽略负面的感受，因为他正忙着思考。因此，在人际互动中超理智型的人常喜欢说道理给人听，巨细无遗地解释道理，但因为缺乏感受却使人感觉与他有莫大的距离，很难亲近。举例来说，你因为和女朋友吵架，沮丧中夹着几分气愤，心情简直是跌到谷底，没想到朋友非但没安慰你，竟然说："我早就告诉过你嘛，你们不合适啦！因为她……"滔滔不绝地分析着，完全没顾到你难过的心情。

（四）打岔型

对打岔型的人而言，任何压力的来源都是他要逃避的东西，以免自己卷入无力与无奈的旋涡中，所以他们不断地打岔以转移注意力。他们逃避接触自己内心的感受，也不想去了解别人内心的世界，对所有事情皆淡化严重性，最好是能轻松解决以赶快忘掉烦恼，因此会显得无责任感，但也较幽默、有创意，常常是群体中的开心果。但是只要压力较大时，打岔型的人常会迅速使用一些替代品来转换自己的情绪，避开面对真实感受的不舒服感，久之便依赖上这些替代品，诸如各种活动或药物、酒精都可能使之上瘾。

不论是哪一种因应压力的模式都有其功能，但是如果太过僵化，总是习惯以某种固定的沟通形态与人互动，便容易产生问题。在这四种沟通形态之外，还有"一致型"。在一致型的沟通形态中，他能够觉察自己的情绪，而根据真实的感受，对不同的状况做不同的因应，所以有时候会要求自己与别人的表现，有时则会逗别人开心，必要时也能冷静分析事情。因此，个人除了要认识自己惯用的沟通模式之外，还要学习其他不同的方式，使自己的行为更弹性，感受更丰富，成为内外一致的人。

三、A 型性格、B 型性格、C 型性格与情绪

从学者或科学家针对人们反应压力的严重度的研究中发现，某些特定的人格类型对压力会有特别的情绪反应，而这些情绪反应会对某种特定器官发生影响因而致病。以 A 型性格为例，赛布鲁克学院的心理学家杰斐博士认为 A 型性格并不是一种人格，因为若视之为一种人格时，似乎是源于本性，便显得僵化固定而不能改变，实际上可视之为一系列的行为模式，而这些行为则是一种习惯。若以此角度来看，习惯是可以改变的，A 型行为以及其他特定行为模式便可能改善。

1936 年时，美国心理精神医师卡尔（Karl）和曼宁格尔（Menninger）提出高压力及强烈敌意倾向的人易得冠状动脉心脏病，到 1958 年时，两位心脏病学者弗莱得曼（Friedman）及罗森曼（Rosenman）曾研究生活形态与冠状动脉疾病的关系，他们发现这些病患者在行为上通常都有一些共同点，经过不断研究，将所得结论写成 1974 年出版的《A 型行为与你的心脏》一书。A 型行为模式包括以下特点：具有极端的挑战性、急躁、竞争的、追求完美、工作投入甚至超时的工作、侵略的、易敌对的、设立不切实际的目标，常认为别人不能比他们好，因而承担过多工作，将生活弄得压力重重。由于 A 型行为患者常过度消耗，使得循环与消化系统也过度使用，造成这类型患者除了易罹患心脏病之外，也时常有高血压、慢性头痛、溃疡与大肠炎等疾病。因此，A 型性格可说是一种自我毁灭的行为模式，因过度控制而过度压榨自己，身心皆疲惫。

A 型性格者给人的印象是严厉的，有成就取向，极容易变得具有敌意和攻击性（Matthews，1988）。相反的 B 型性格（typeBpersonality）则是悠闲而放松、有耐心且能容忍，满足状，他们不夸奖自己的成就，很少感到时间压力，一次只做一件事，且

将事情看得较 A 型性格者轻松。他们并不是不进取，只是较顺从生活潮流，不常心怀战斗。

常见的 A 型行为模式：

（一）外显行为

对过去的偶发事件发怒。

对批评过度敏感。

对别人的小失误感到厌烦。

质疑别人论点的妥当性。

急躁尖锐、易生气。

执拗地争论，以赢得口舌之胜。

防御心 / 合理化。

强势的论点。

多变的行为与想法。

迅速而急切的言语。

喜欢插嘴、不耐烦听。

脸部紧绷、表情紧张。

快速眨眼（每分钟超过 40 次）。

交谈中眼球快速左右移动。

反复抬眉毛。

轻摇膝盖或快速猛敲指节。

讲话速度快、经常节奏不一，常急得省略句中最后的字。

身体姿态紧张。

动作反应急促。

眼眶周围色斑沉积。

前额与上唇冒汗过度。

（二）内隐的态度与信念

自我中心。

主导话题。

只对自己感兴趣。

多疑。

不信任别人的举动。

好斗。

轻视别人的成就，认为团体中其他人都是对手。

心怀不轨。

偏见，对每一团体抱着千篇一律的观点。

短视，依事情的直接后果来处理问题。

坚信天生的不公正，行动像个警察一般。

命定论的世界观，自以为是无名小卒，无法主宰命运。

（三）个人生平特征

知道自己的 A 型行为。

同时做好几件事情，如一面开车、一面换衣服。走路快、吃东西也快，从不浪费时间在这上面。

无论在什么状况下都要求守时。

很难坐着而无所事事。

言谈中习惯以数字来取代隐喻内容。

配偶曾经提醒要放慢工作与生活步调。

在压力—疾病的关系中，研究指出 C 型性格（typeCper-sonality）可能与罹患癌症有关，虽然这样的关系并不若 A 型性格与心脏疾病的关系明确，而且对 C 型性格的定义也不若 A 型性格清楚。莫里斯及利尔（Morris & Greer, 1980）曾描述 C 型人"情绪上泰然自若的"（emotionally contained），尤其是在有压力的情境下仍如此，其含义应该是指此类型的人容易压抑情绪，压力越大时越是如此（Leventhal & PatrickMiller, 1993）。坦莫夏克（Temoshok, 1987）亦指出 C 型性格的特征为：被动、无助的、谦逊的、未能表达负向情绪的（尤其是生气）、顺从外在权威，他们易罹患癌症。

第五章　青少年负面情绪的内涵

　　根据脑部解剖的理论，类似羞愧等极端的情绪，会使脑部处理资讯和贮存记忆的正常方式出现短路，极端的情绪会绕过脑部掌管思考部位的大脑皮质，电击脑部情绪控制中心的杏仁核，因此产生负向情绪的事件常较产生正向情绪的事件更令人难忘，任何极端的情绪经验都会对个人的行为和个性发展造成深远的影响，所以，本章对负向情绪做较多的探讨。在实际生活中，我们的情绪并非单一出现，常常几种情绪会以群集的方式交织出现，如愤怒出现之前常常觉得被焦虑包围，而愤怒又常与悲伤、挫折等受伤的感觉并现，形于外时可能是向外的、具攻击性的愤怒，或是向内、自伤性的焦虑、罪恶感、羞耻感。如果能一一体验、检视这些冲突而纠结的情绪，则问题便有机会从根本上解决。因此，本章在说明情绪的内涵时，除了对个别的情绪加以描述之外，将对日常生活中较常伴随一起出现的情绪加以解析，以协助个人更深入了解情绪，也有助于养成良好的情绪习惯。

第一节　愤怒

　　当我们处于愤怒的状态时，内心所承受的压力是很大的，因此愤怒的时间越长，愤怒就越强烈，有时行为就越难控制、越疯狂，紧张的状况就好比"骆驼背上最后一根稻草"，一压即垮、一触即发。因此，如何在怒火中烧时，能够自觉地选择适宜的方式来表达自身的愤怒就很重要。这不仅关系着当事人与他人的福祉，甚至涉及生命安全，不时上演的社会事件便是最好的例子。回想日常生活中常见的一些状况，如果你被他人的言语激怒时，你的反应通常是什么呢？不理会、怒视、回骂、出言警告对方，还是直接揍他一拳呢？如果别人不小心踩了你一脚，感觉很痛时，通常你的直觉反应是什么？暴跳如雷、踩他一脚、用言语攻击斥责对方，还是忍住不发泄呢？如果你心爱的物品被妹妹不小心弄坏了，你又如何反应呢？你可以发现，我们的因应方式往往就决定了整件事的后续发展，言语或肢体攻击对方通常让事情越演越烈，而我们的情绪不但无法获得抚平，反而因此更加气愤。

很明显地，无限制地发泄愤怒或是完全压抑愤怒，两者都不是真正消除愤怒的好方法，因为没有治本。如果我们想要掌握自己的行为，就先要深入探究愤怒对个人的意义，思索"我为何生气""愤怒有什么好处"，能够时常以这种较自觉的观点重新分析及诠释自己的愤怒，可以使愤怒不再只是工具性的感受而阻碍情绪的表达，我们也才能洞悉自己无意间进行的"心理游戏"，带来不同的新收获，不然则易流于自我保护而为愤怒找借口或将行为合理化。

一、愤怒的原因

小孩子的玩具被人拿去玩，他很可能会以大声吼叫或哭泣来表示愤怒，因为这对他而言可能就像是失去一样具有重要意义的物品，所以他产生愤怒的情绪，至于大叫则可以引来父母的注意，让父母来帮无助的他解决这场纷争。你的车子不小心被他人的车子擦撞而刮伤时，你为什么觉得生气呢？你没有作弊，却被同学冤枉了，你会生气，为什么呢？朋友跟你借钱，到了说好要还的日期，可是他却不认账，你也会十分愤怒，又是何故呢？究竟什么状况下我们会生气呢？

（一）权益受损时

他人损害自己的权益、自尊或是对自己不公平时，我们会有愤怒的情绪。例如，出言不逊伤及我们的自尊心、东西被他人弄坏了、遭受别人误会、被别人欺骗等，这些情形都很容易使我们生气，气愤别人怎么可以如此对待自己。

（二）受到挫折或伤害时

我们对事情通常都有预设的流程、预设的目标，当事情进展未尽如人意时，便很容易有挫折感，认为外在环境中的一切人事物不应该这样对我们，所以愤怒油然而生。例如，原本预测苦练已久的接力赛跑可获得冠军，结果不小心被隔壁班的人撞倒，痛失宝座，只得了第二名，于是全班同学义愤填膺。

（三）被忽略时

如果总是被忽略、得不到想要的事物或是关爱，也会以愤怒的方式来获取注意。例如，小孩子发现用大哭大叫的方式可以得到想要的玩具或父母关注时，日后自然会一再使用类似的方式来达到目的，很可能到了成年依然用生气的方式来引起别人注意，摔东西、大声咆哮都在述说着需要他人的注意与关爱。

（四）维护自主权

常见于父母与青春期子女之间，青少年常会为了如何获得自主、争取个人自由而烦恼，为了摆脱父母任何形式的干涉而不惜与父母争执，目的乃在争取对自己的控制权，希望自己是有力量的、可以做自己想做的；又如自己职责内的工作，而别人却批评或干涉，便会因为不受尊重而生气。

（五）想要影响他人的情绪与行为

有时候，愤怒只是一种手段。由于愤怒使个人在表面上看起来地位较高，拉升了心理地位，因此借着表现出生气的样子，重申权力，得以握有控制权，也可以使别人不责怪自己或者使别人自责、产生内疚感。例如老板偶尔生气一下，员工的谨慎度与工作效率都提高了；老师借生气来让学生知道某些行为是不可以的。

当然，这些生气的原因未必单一出现，有时候是几个因素混杂在一起而让我们火冒三丈。例如，我们被别人冤枉时会很生气，一方面可能是因为有损自身的人格，觉得受到委屈；另一方面则可能是急于维护自己的权益，迫切要争回自己该受到的公平对待，所以才会勃然大怒。当然，也是乘机给对方一点颜色瞧瞧，自己绝不是被欺负了还不吭一声的人。因此，下次当你生气时或生气后，不妨问问自己：我为何如此生气？必定更有助于对"愤怒"情绪的了解与管理。因为最强烈的情绪常是不由自主的、"来无影去无踪"，所以，我们必须时常"内省"，才能发现自己面对问题时惯有的反应，也才有机会检讨、改进而松动原有的不适当的反应模式。

二、辨识愤怒

你是否有过这样的经验：当你生气的时候，总会出些小意外或小状况，如跌倒、被车门夹住、忘记带钥匙等；或者老是觉得身体不太舒服、脖子酸痛、胃痛、头痛、没食欲；或觉得自己面红耳赤、拳头紧握、心跳加速、口干舌燥。这些信息都在诉说着我们的的确确是在生气，只是我们故意想要忽略或压抑，然而终究还是失败了。因为愤怒恰似一种能量，能量是不会凭空消失的，如果无法辨识出愤怒，则这股愤怒的能量就会恣意而为、无法控制，个人常因为不明就里而受到牵制。如同皮尔司等人（Pierce，Nichols，& DuBrin，1983）所言，我们的症状并不是因为所感觉到的情绪造成的，反而是因为我们不让自己去感觉才造成的，也因而使这些受阻碍的情绪干扰到个人思考、阻碍行动。

在美窦（Madow，1972）所写的《愤怒》一书中，曾将愤怒的表现形式分为以下三类：

（一）第一类：修正过的表现形式

修正过的表现形式，旁人一听便能知道当事人的愤怒，但其表现形式已经过修正而比较不直接，怒气受到控制而比较不会伤害到他人。例如，当我们说自己被某某人惹恼了，但是我们却不感觉到生气的情绪时，其实我们是在否认自己的生气，我们所排拒的正是真正的感觉。其困境在于：除非他能真正察觉愤怒的情绪，否则便无因应之道。

（二）第二类：间接的表现形式

间接的表现形式，这种方式是把愤怒隐藏起来，说者、听者皆不能直接感受到愤怒的情绪，诸如不满、挑剔、烦恼、苦恼、怨恨等形式。最常见的就是："我并不生气，但我很失望。"此话一出，对方便会感到罪恶感，而当事人则一味地压抑愤怒。例如，母亲对考试成绩不理想的子女说："我不生气，我只是对你很失望。"子女可能相信母亲并未对自己生气，甚至有"母亲真是体谅我"的感觉，但是子女被这句话所引发出来的罪恶感却比被责罚更难受、比母亲的愤怒更难应付。而母亲或许压根儿不能感受到自己对子女的生气。

（三）第三类：沮丧的形式

沮丧的形式，如忧郁、沮丧、无望、低潮等，以这种方式呈现出来的愤怒比第二类间接的表现愤怒更难被人所察觉。例如，一再努力、一再尝试后的工作表现却仍不如自己期望，或是未能获得他人的赏识时，我们心里其实是生气的，气自己不成才、气别人有眼不识泰山等，但是我们却可能只有感觉到泄气、绝望或是焦虑的情绪，根本没有发现自己生气的事实。因此，如果有类似的绝望感出现时，我们也要检查自己是否隐藏着愤怒。

愤怒的表现形式有很多种，除了上述三类之外，最常见的表达愤怒的方式便是直接表达，诉诸言语、肢体攻击，如憎恶、敌视、痛恨、狂怒、报复，甚至暴力相向等，一旦生气就根本连时间场合都顾不了，这样的愤怒很容易辨识。这些直接、间接、修正过的愤怒表达方式，抑或让怒气转换为更隐晦的忧郁形态皆可视为一种信号，提醒我们该停下来，想想发生了什么？自己是不是正在生气的浪潮中载沉载浮而不知？或是明明生气却仍努力压抑？什么原因使自己如此愤怒？有时生气会引发我们内在的力量，转化为积极、保护的作用，有时则因为不当的发泄而带来伤害。为了使愤怒的正向功能最大，杀伤力降到最低，我们先要能辨识出自己或他人是不是正处在愤怒的情绪中，如此才能选择适当的方法表达出来，发挥建设性的价值。

受到社会文化、教养方式及其他因素影响，个人会以惯有的方式来表现愤怒，久而久之就成为有规则可循的行为模式，这使得我们在辨识愤怒的情绪时较容易些，但也意味着要修正"行之有年"的情绪习惯确实不容易。例如有些人习惯生闷气，虽然内心十分气愤，就是不说出口、不表现出来，却会感觉到胸口郁闷、心跳加快、手心冒汗，等等，那么当这种生理上的感觉又出现时，便可检视一下自己是否在愤怒中。

三、无法表达愤怒之因

情绪获得表达时，虽然未必能保证就此在身心各方面改变，但是即使只是谈论这些情绪，都有助于我们了解自己的行为的真正含义，促进我们产生顿悟、领悟。然而，我们却都有过无法表达出情绪的时候。例如，当你并没有错，却被他人责怪时，你会如何处理你的愤怒呢？如果对方是长辈或上司，你又会如何因应？有些时候我们明明很生气，却不能或不敢表现出生气，内心十分矛盾，最后只好搁在心里，自己生闷气，或是迁怒，以其他无效的解决方式因应。无法表达愤怒的原因除了可能是情境不适合、对象不适合之外，还有我们自己具有某些特定的想法，导致我们对表达出愤怒有所顾忌，却忽略了只要是方式得宜，且有充分表达出愤怒之因，表达愤怒并不可怕。有哪些特定的信念会导致此种情形呢？

（一）愤怒是不好的

从小受到的教育便告诉我们生气不好、不对，应该要"以和为贵"，因此不允许我们表达出愤怒，即使我们的表达方式是适当的。而这样的习惯养成已久，造成我们也很难允许自己表达愤怒，即使观念已修正，不再执着于愤怒一定是不好的，却仍会担心一旦自己表达出愤怒的情绪会有何后果。

（二）怕伤害其他人

多数人总认为愤怒的杀伤力很大，担心一旦表达出来是否会伤害到他人，因此有所顾忌。此想法可以使我们让盛怒的气焰降温，调整我们表达愤怒的方式，此为其利。但是，当我们为了维护自己应有的权益，却仍因担心伤害他人而退缩或干脆就不说，这种情形反而让我们自己受伤，所以学着如何适当地表达愤怒是必要的。

（三）怕被误解

一般人普遍仍认为愤怒是不好的，因此怕破坏自己一贯的良好形象，使别人误以为自己是个性情暴躁、易怒、不好相处的人，所以个人对表达愤怒就出现矛盾的心理。

（四）怕被抛弃

愤怒既然令人害怕，所以若自己表达出来这种情绪，对方可能因为害怕而选择与自己疏离或者无故抛弃自己。如此一来，我们因为害怕失去所爱、失去已经建立的人际关系，就不自觉地选择压抑愤怒，这样的情形在情侣、夫妻之间最常见。

（五）怕失去控制

如果我们平常个人的形象是很有力量的、很优秀的，对事情掌握得很好，那么我们就会想要一直处于这样的控制地位。而愤怒的情绪却可能使他人发现原来自己也有脆弱的一面，所以，怕失去控制便会否认或抑制自己的愤怒。

（六）怕承认脆弱

承认愤怒表示别人可以伤害到自己，而承认脆弱的风险实在太大了。不知旁人会做何感想、做何反应，因此自己只好抑制愤怒，以冷漠的面具掩饰如波涛般汹涌的怒潮。

日常生活中，我们多少都有这种"有气说不出"的心情出现，你可能已经发现自己很习惯"憋气"，憋住愤怒生闷气，但是你可能不清楚是自己的特定信念影响你做这样的决定，导致最后问题既没获得解决，而自己又被这些未处理的怒气所干扰。如果能够了解自己决定不生气的理由，身心状况当可较平衡而和谐。

四、愤怒与其他情绪

许多时候愤怒伴随着悲伤、羞耻一起出现，形成一种类似情绪群（cluster）的东西。在董氏基金会（1998）"生气情绪大调查"中，针对"生气后会有什么感觉？"一项的结果便指出以年龄区分时，儿童感到"生气"占最多，青少年以感到"后悔"最多，其他年龄段生气后的感觉则是"难过"最多。可见，愤怒可能是初步的反应，却未必是核心的感受。我们必须了解此种情绪转变的过程，明了这些连带出现的情绪都是正常的，才不会因为惊吓及意外而否定愤怒的价值、自己的价值。

多数人在感觉到满腔愤怒时，多能够轻易表达此种苦恼、没耐心、批评以及愤世嫉俗的感觉，这样的愤怒常是对最原始的悲伤的反应。换言之，愤怒是次级感受（secondary feeling），而其原始感受是悲伤、伤害与痛苦。这些原始的感受具威胁性，更令人痛苦，对个人而言，要去感受或是分享这种内在的悲伤—受伤—脆弱（sadness hurt vulnerability）的情绪，并不安全也不容易，因为此原始的悲伤会挑起令人不舒服的第三种感觉，即羞耻、焦虑或是罪恶感（Teyber，1992）。如果我们真正经验到愤怒底下原始的受伤感，对个人而言可能意味着"我真的很脆弱，对方真的伤了我""对方赢了"，因而产生贬抑或丢脸的感觉或者会自责"我怎么可以生气、伤心呢？"而产生罪恶感。此外，对有些人而言，经验到这种种脆弱的感觉还有另一层含义，代表着"所有人可能因为我的脆弱而离去""我会变得孤单、空虚"，由于担心被遗弃及孤立而引来内心无限焦虑，个人也就防卫地采取愤怒作为反应方式，以避免与自己真实的感受接触。

由此可知，愤怒是因为害怕袒露出自己的脆弱而找来的盔甲，保护了自己，但同时也阻绝了他人进到自己的世界；愤怒也像是一块创可贴，虽然贴住了伤口，却未必能阻挡溃烂之虞。多数人宁愿选择逃避，却很少有人肯面对真相。如果愿意鼓起勇气掀起盔甲，先克服自己对表达愤怒的害怕之后，就能坦诚面对自己愤怒的情绪以及所受的伤害，伤口才得以抚平康复。

第二节　忧郁

人在忧郁时通常会无精打采、没有食欲，对自己所做的没有信心，整个人仿佛浸泡在愁云惨雾中，好像已经用尽力气，所以对一切事都不想再努力了。当你心情"郁积"时，你通常会如何度过呢？找三五好友聊聊天，出门兜兜风换个心情呢，还是把自己关在家里，听听音乐、不与任何人说话？或者你会干脆空出一个时间给自己，好好地体会并且思索这种忧郁的情绪，希望了解它对目前生活而言有何意义……

生活在如此纷乱、嘈杂、拥挤、高度竞争的社会，世界每天都在快速变动，人们似乎老是得不到想要的，因为永远有比自己拥有得更好、更昂贵的，茫然、不知所措的感觉更将人们推向忧郁的深渊，失望、沮丧等忧郁的感觉因此而生。忧郁几乎是每个人或多或少都会遇到的情绪，而这么普遍的状况也使得忧郁又被称为心理疾病的伤风感冒。亦反映出只要因应得宜，忧郁对我们而言是不构成威胁的情绪。

或许你曾听过身边的朋友说：我最讨厌冬天了，阴雨绵绵、湿湿暗暗的，让我心情都开朗不起来！举凡季节交替时、亲子关系不良时、觉得生命失去意义时，任何不如意的情形都可能使我们闷闷不乐、沮丧、忧愁、自怜、苦恼、悲伤、绝望、失望，严重者甚至想自杀或自伤，这些都反映出个人忧郁的情绪。这种情绪使我们在面对别人或外界时总是感到无力、退缩。还好，过一段时间，一切几乎都会慢慢变好。但是，若深陷其中无法自拔，在思想、情绪、行为和身体上皆有负面的改变时，则易成为疾病，忧郁几乎是所有精神疾病的共同特征（张春兴，1989），如忧郁为期两年以上就成为轻郁症，这类情绪障碍的疾病在后面的章节会进行介绍。

一、对忧郁的反应形态

由于忧郁是一种令人不快乐的情绪，许多时候，人们为了逃避这种不愉快的感受，便不自觉地以防卫的方式来保护自己。例如"幻想"美好的远景，以排除现实生活中的不顺利；"退化"到以较不成熟的方式来表达自己的情绪，经常哭泣、依赖、很脆弱；或是"理智化"地分析自己的情绪，前因后果皆清清楚楚，却完全不感受、不体会忧郁的情绪。基本上，这些防卫的方法只要不过分僵化、不干扰正常生活，都还算是正常而有用的反应，甚至在特定的时候，这些方法等于保护了我们，使自己不因忧郁而受到伤害。

因此，当你忧郁时，你可以允许自己处在这样的情绪中，借着自我觉察的方法让自己与心灵深处的自己同在，了解目前身心状态的来龙去脉，而不是刻意或无意地用这种忧郁的脆弱、易受伤的形象来博取他人的关爱和注意；你可以自我疼惜，却不是过度自怜；你可以允许自己有这种较消沉的情绪，关键是你也必须能掌握何时要走出这团迷雾。因为，既然是情绪受阻碍才导致我们生活脱序，当然就要由重新经验这些痛苦的情绪来获得解决。

二、克服忧郁

为求真实感受忧郁，首先要改掉笼统地说"我现在很郁闷"的习惯，而以具体的陈述替代，如"我很忧郁，因为我和好朋友起冲突""我很担心身体的健康状况，才会闷闷不乐"，越了解真相，伤害越可以减少，才不会如"杯弓蛇影"般漫无目的地担心、害怕、忧郁。可见仔细理清导致忧郁之因的必要性。忧郁、沮丧有时起因于具体明确的事件，如上司交代的工作执行不顺、考试成绩不如预期理想、失去友谊、失去工作、失去亲人等，有时则得多花些心力才能理清忧郁的真正面貌，如勉强念了不太喜欢的科系，虽然表现不差，却很少有成就感，长期下来也会有抑郁的感觉；不适合的工作形态，加上个人又不清楚自己的需求好恶，以至于难乐在其中等都是。

综合上述，我们不必担心如果自己有忧郁的情绪就是世界末日来临，担心如果自己表现出脆弱的样子便失去所拥有的，担心这样一来就会一切失去控制，因为内在的力量并没有就此消失，忧郁所带来的脆弱并不会让我们毁灭，而是一种要我们关照自身的信号，提醒自己将长期只关注外在的焦点略转回向内在心灵。因此，真实地感受自己的忧郁，实际上有助于我们更深入地了解自己的需求。

第三节　无助感

有时候我们遇到能力所不能处理的事情，但是又没有人或其他资源可以协助时，便会产生无助的感觉。摩托车在半路上熄火了，任你怎么发动就是动也不动，你又不知道毛病出在哪里，放眼望去也看不到机车修理店，真希望有人能帮助你解决这个困境，可是叫天天不应、叫地地不灵，你觉得心中充满了"无助感"！这种无法控制、无法影响事情结果的感觉就是无助感（helplessness）。当然，如果你赶着上课、上班或出席重要会议，聪明的你应该会干脆将车先放妥，搭出租车或转搭公共汽车才是。

无助感就是指不论你怎么做都无法改变事实时所产生的感觉。初生的婴儿无法做任何事，所以生命一开始可说就是无助的，而后逐渐学得个人控制，可以用自主的行为来改变命运，直到垂暮之年又慢慢回复到无助的状况，如不能走路、丧失语言能力等。但是即使我们学得个人控制，却仍得面对生命中的许多意外，意外落榜、意外伤害、意外失败，对此有人很容易便放弃，认为"我注定倒霉一辈子"而郁郁寡欢，有人则拒绝向命运低头，坚持下去，相信总有雨过天晴时。奇怪的是，为什么有些人连尝试一下都不肯就放弃了呢？有关习得无助感的研究可以让我们知其端倪。

宾夕法尼亚大学的心理学家塞利格曼（Seligman）在 20 世纪 60 年代曾与同学做过一个显示动物如何学会无助的实验，叫作三一实验（triadic experiment），因为需要三组动物共轭（yoke）一起才能做，故有此名称。实验是将狗带到可穿梭往返的箱子中进行电击，看它们会不会跳过闸栏。给第一组动物可逃避的电击，它们只要用鼻子去推墙上的一块板子就可以停止电击，因此这一组动物可自我控制，因为其行为是有作用的。其次，第二组动物所受的电击分量与次数都和第一组一样多，但是其行为不能够停止电击，无法有作用，除非第一组的狗用鼻子推墙板时，它们身上的电击才会停止。第三组则是控制组，不受任何电击。结果第一组的狗进入箱子后，几秒内就发现它可以跳过闸栏以逃避电击；第三组的狗也有同样的发现。只有第二组的狗，发现无论怎么做都无效，它便停留在有电流的这一半，很快就放弃尝试停了下来，接受固定时间的电击，即使它可以看到闸栏的另一边。实验者重复这个实验8次，在第二组的8条狗中，有6条是坐以待"电"，而第一组8条狗中则没有一条狗放弃。当动物发现其行为无益、于事无补时，就变得被动，甚至预期未来也会如此，而这种期待一旦形成等于是学习到无助，什么也不想做了。

此后20年间不断有习得无助的研究，甚至将此概念应用到人类身上。一位日裔美籍研究生这样设计他的实验：将一组受试者带入一个房间，音响开得很大声，实验者教他们学习去把声音关掉。但是他们试了各种方法，噪声却依旧，没有任何方法可以将噪声关掉。另一组受试者则是按对了按钮的排列组合时，就可以把噪声关掉。第三组则没有受到噪声干扰。然后，再将受试者带到另一个房间，里面有一个实验箱（shuttle box），你把手放到实验箱的一边就会发出难听的声音，如果移到另一边去，噪声就会停止。结果发现，在一开始就接受不可逃避噪声的那一组人，再接触到第二个房间的实验箱时，多数就坐着忍受，而不会试着把手移到箱的另一边。至于在第一部分可关掉噪声的人，以及控制组的人都很容易将实验箱的噪声关掉。这个实验说明了人经由学习而得到无助的模式。

如果是你，你会尝试关掉噪声还是继续忍受呢？几次的考试成绩不理想，你会继续努力还是放弃；追不到心仪的女孩，你会再接再厉还是另起炉灶呢？生活中有太多类似的情形，你比较常采取的因应方式是哪一种，有些人可以经过风吹雨打仍屹立不动摇，遇到困难设法解决，绝不轻言放弃；有些人却弱不禁风，一下子就弃甲投降了。这种情形和艾理斯的发现可相互呼应，他发现心理异常的现象多表现在情绪上的困扰，而这些困扰多源于当事人对自己生活的非理性解释，由于不论对己、对人、对事理的信念都显得消极而悲观，连带影响自己的行为反应与情绪感受。塞利格曼则提出"解释风格"来说明这种差异，具有乐观的解释风格的人，凡事抱持着希望，可以预防无助感，抵抗沮丧、忧郁；而具有悲观的解释风格的人，则对任何事皆采取负面的看法，不抱持任何希望，而让无助感蔓延到生活各层面，使一切都变得无希望。

塞利格曼发现习得无助感与健康状况有关，特别是忧郁之间的关联性。忧郁是一种沮丧、气馁的感觉，通常缺乏原动力以及某种程度的自贬，认为自己无法控制生命中的事件。由此可知，忧郁有时候便是来自习得的无助感，不经一丝挣扎便对事物放弃希望，长时间累积下来使人陷入绝望，看事物习惯用悲观的角度，而忧郁的症状和习得无助感的症状也有一些相似性。

形成习得的无助感乃因悲观的解释风格，而多数研究亦都同意忧郁和悲观的解释形态有密切的关系。例如，面对数理科目成绩很差的情况，悲观的想法可能是：唉，面对事实吧！反正我再怎么努力成绩还是不好，都已经失败过三次了，于是便放弃努力。可见得"悲观的解释风格"确实可能让原本只是暂时性的、局部性的无助感转变为长期、概括化的无助感，导致忧郁，所幸这种解释风格可以经由再教育而改变。早在20世纪60年代就开始研究忧郁症的认知治疗大师贝克（Beck）曾说过忧郁症就是它的症状本身，乃来自病人对自己的负面看法，没有什么藏在潜意识里的东西作祟。理情治疗大师艾理斯认为，人具有庸人自扰的本性，常为情绪所困，所以他以ABCDE原则教导案主驳斥非理性信念，改变既有的自动化解释想法，长期下来便可改变个人的情绪以及行为。不论是以上何种说法，都由认知层面改变个人对事物的解释形态，可以改变忧郁的状态，阻挡沮丧的侵蚀。

第四节　难过、哀伤

当我们不得已要和家人、朋友分开时，心里总会有种舍不得的感觉，尤其想到曾经共有的时光，更令人难以接受分开的事实，这种难过的情绪常久久盘踞心头，难以释怀，有时还会影响我们的生活好一阵子。和群体多数人相处格格不入时，我们不只感到没有归属感，也会因为对整个情况觉得力不从心而产生难过的情绪。当你发现自己无法与其他人沟通、无法表达真正的感觉，或是别人无法了解你时，这些类似的情况多少都会带给我们难过的感受，与人有距离、没有办法有亲密的接触，对大多数人而言，这种分离的感觉常是造成难过（sadness）的主因。

另一导致难过的原因则是"失败"，无论是真实或想象的失败，如失恋、人际关系不佳、成绩不理想，或是运动场上的失败等，都会使人难过、无精打采。多位心理学家曾针对青少年及成人调查使他们难过的因素，以及他们的因应方式，其中易札德（Izard，1977）对130位大学生所做的访谈中，由受访者回想一次曾经很悲伤、沮丧或闷闷不乐的经历，然后问是什么造成他们如此悲伤、难过的情绪，而他们又做了些什么来结束这种难过的情绪，结果发现受访者在悲伤、难过后最常有的想法是"生活很糟"（42.8%），最常有的感觉是"苦恼、悲伤、沮丧"（43.5%），而最常采取的因应策略是"设法忘掉哀伤"（29.8%），以及"口语或肢体来表达悲伤"（17.5%）（Carlson & Hatfield，1992）。

一、难过的正面功能

悲伤或难过虽然是人性的脆弱部分，却也引导我们重新获得力量与亲密感，让我们从失败或伤害之中得以复原。除非你任由自己浸淫在这种悲伤无力的感觉中，不愿让过去或伤害释怀，否则悲伤不全然是负面的，还有正面的功能。汤金斯（Tomkins）（1963）及易札德（1977）就曾指出悲伤的三个主要功能：

1.悲伤使人产生改变生活的动力。如父母誓言不让子女过自己以前那样的生活，寂寞的男孩或女孩学习如何与人做朋友，以驱走寂寞与悲伤。

2.表达出悲伤，使别人能协助我们。因为当我们看到他人伤心、沮丧、灰心的模样，知道一切并不是很好，便会伸出援手以减轻对方的难过。

3.悲伤增进团体的凝聚力（Carlson & Hatfield，1992）。易札德指出亲密关系结束以及失去友谊是使人与人产生联结的主要因素。换言之，有时悲伤是使人走向他人寻求帮忙的表示，至少在美国是如此（Stearns，1993）。

所以难过、悲伤并不是一定内在自责或是贬抑，反而是具有激发、促进适应性反应的一种情绪；它和别的情绪最大不同在于：我们通常不必为所发生的事负责，所以焦点会专注于个人身上，反而使旁人会注意或关心你，伸出援手。

二、无法表达难过的原因

易札德认为难过是日常生活中一种很普遍的情绪，却经常与愤怒、害怕或羞耻等情绪交互出现。正因为如此，很多时候我们会视难过或悲伤的情绪如蛇蝎，避之唯恐不及。例如，因为自己课业压力过大或身体不适，以致影响自己的学业表现时，心里会很难过，因为我们也不希望事情会演变成这种情形，但是我们又不太敢表现出这种心情，担心如此一来别人就会发现我们的脆弱，既影响个人强有力的形象，也害怕自己会因此受到更多伤害。如果不巧的，过去的经验中我们曾因为不小心让伤心的情绪表露，结果反而一发不可收拾，发现自己不只对自己非常生气，甚至迁怒兄弟姊妹干扰自己读书，使得满肚子的愤怒情绪差点发作，这种情形令我们惊慌、措手不及、自觉失态。因此再有类似的状况时，我们便不敢深入体会伤心、难过的感觉，更不用说表现出来了。

此外，表达情绪常成为一种禁忌，我们经由学习而得到"不要有情绪"这类的规范，因而无法表达出自己伤心、难过的情绪。例如，"不准哭"，所以只好将难过的情绪隐藏起来，眼泪往肚里吞。"不要有情绪"，你根本就不该难过，因为很丢脸、很麻烦，就算你难过得要命，"一切都很正常，没什么事值得惊讶"，所以有什么好难过的，根本就不需要有任何情绪，因此个人只好当作什么都没发生，否认自己的情绪。这些从小就内化的价值观，根深蒂固地存在于我们的脑中，每当我们伤心沮丧或低潮时便会跑出来斥责我们、鞭策我们，让我们无法表达自己的情绪，不敢正视我们的负面情绪，或是令我们忘掉忧伤，努力不懈地往目标迈进。

在这样的教化之下，真的只能如流行歌曲所唱的"把我的悲伤留给自己"，假装什么都没有发生，但是如此一来也造成个人的情绪难以分化，悲伤、难过、无助、沮丧、脆弱以及忧郁等各种负面的情绪全部都混淆在一起，个人不仅无法感受，也分不清楚怎么一回事，想要明确地表达难过的感受势必越发困难。如果换成别人悲伤、难过时，自己就会变得紧张、不知所措，典型的反应就是一味地安慰他："不要哭啦，一切都会过去的，擦干眼泪……"

一个倾向牺牲自己以满足别人需求的人，他通常很难对别人生气，甚至根本感觉不到愤怒，在人际互动中他会一直避免人际冲突，就算是委曲求全也在所不惜。对这种情况他觉得很无奈，认为"说了有什么用？"心底深层的感觉其实就是悲伤、难过。在他心中仿佛住着一个幼小的孩子，渴望别人来照顾他、呵护他、疼惜他，可是却总是要不到、等不到这些关爱，但是旁人未必能懂，以为他就是一个这么牺牲奉献、体谅他人的人，至于他自己也搞不清楚为什么会这样。由于他所呈现出来的是未分化的情感状态，因此悲伤、无助、脆弱以及忧郁全部都混淆在一起。如果他能少一些牺牲，学习拒绝别人，如果他能对别人表达出自己的愤怒，不让他人予取予求，他也才有机会看到自己的伤心与难过的情绪。如果周围有人能够真正碰触到他悲伤与受伤害的核心，并且表示了解与关心，那么他隐藏、压抑的愤怒部分就能够在安全的气氛中慢慢"复活"了，使得他较能够去觉察自己，了解自己是如何在经历这个世界以及每一事件，有一种好像找到失去的力量的感觉，使得自己的行为、情绪都能够转换，跳脱昔日的角色。所以，让自己有机会感受、体会悲伤与难过的情绪，其实就像体会其他情绪一样，都有正面的功能，要做到这样，"安全的气氛"是不可或缺的要素，将有助于我们克服自己的抗拒以及压抑情绪的习惯，充分感受、完全表达情绪，这也是专业的协商或心理治疗中不可或缺的一环。

三、哀伤

哀伤（grief）与难过有密切的关联性，哀伤是一个人失去他原来所拥有的、所珍视的人或事物之后的一种自然反应，而由于这些人或事物都与个人有强烈的情感联结，所以失去他们将令个人难以接受、痛苦万分。简言之，哀伤就是人对失落的反应。无形的失落如年华逝去，而有形的如亲人去世、宠物死去。相较于难过的情绪，哀伤的情绪强度更强烈也更复杂，甚至可视为不止一种情绪，因为哀伤中最明显的情绪是难过，但常会衍生愤怒、害怕、羞耻等情绪，因情境有所不同。因此，每个人的哀伤经验都是独特的，对哀伤的反应也因人而异。例如，人格特质便与哀伤反应有密切的关系，消极的人对哀伤的反应以逃避居多，积极性格的人对哀伤的反应则较有攻击性，反应激烈。

近年来造成许多死伤的灾难事件不断，如空难、地震、海啸，而社会事件中蓄意或意外伤亡的案例也不胜枚举，KTV 火灾、纵火、车祸意外等。这些灾难并不在我们预料之中，因此一旦发生总会令我们惊慌失措，不知如何是好，这种亲友不幸丧生所带来的突然失落，使我们的情绪激动，久久不能平复，除了伤心难过，还夹杂着舍不得、懊恼、愤怒、痛恨、后悔、自责、内疚等复杂的情绪。我们可能痛哭失声，也可能不发一语、极为沉默，还会觉得自己一无是处，为什么不能阻止悲剧发生，甚至丧失了爱人的能力，对所有的事物都抱持着悲观的看法，生离死别的哀伤从此影响我们对生命的看法。由此看来，失落的经验所带来的哀伤对个人的情绪与行为影响非常大，严重者甚至延续到成人期，促成沮丧、酗酒、焦虑以及自杀倾向。

各学者观察到不同人对哀伤的反应隐约有一套程序，简单可分为早期哀伤、剧烈悲痛及消退期等三个基本阶段或者可细分出哀伤初期反应是震惊；接着是否认、不相信，或生气、争议（bargaining）；然后有沮丧的情绪，接着逐渐能接受（acceptance），平静下来；最后是继续生活下去，生生不息（life after life）。这些阶段的顺序并非一成不变，而且各阶段间也会有重叠出现的现象。

1988 年 12 月在亚美尼亚的一场地震中，有 55000 人遭到活埋，其亲人朋友却坚持在 -20℃的天气中待在原处等工作人员进行营救，一滴眼泪也没掉。旁人问道：如何还能将自己的情绪控制得这么好？其中一人回答：人死时，我们会预期哭泣，如果没有哭泣便会说对方是铁石心肠。现在却没有人哭，因为我们的心都已经变成石头了（Carlson & Hatfield，1992）。此例正可说明我们在哀伤初期的典型反应除了震惊之外，还可能麻痹、没感觉，整个人仿佛被掏空了，不知如何反应。一段时间后才会有痛苦以及失落感出现，此时人会变得容易流泪、难过，有罪恶感、生气、易怒、焦虑、寂寞等起伏不定的情绪，也常不自觉地寻找已逝去的人或物，上街时不自觉地就会搜寻着类似的身影，回到昔日共游之地触景伤情等。此外，还会出现如胃痛、失眠、暴饮暴食或食欲不振等生理症状，注意力也很难集中，这也是有些学者认为哀伤不只是情绪，还是一种疾病之因。这段时期中若旁人要提供支持或安慰则通常会被拒绝（Averill，1968），因为哀伤需要一段时间才能慢慢消退，设法加速此过程反而可能收到反效果。最后，当我们回想这些失落的经验而不会被难过的情绪淹没时，表示已经逐渐走出阴霾了（Bowlby，1980），我们会开始努力重整过去的经验，期望能重新赋予意义，也使自己的生命经过哀伤的磨砺而更加坚韧。

第五节　焦虑

焦虑，常包含着紧张、不安、焦急、忧虑、担心、恐惧等感受，焦虑可以说是一种复杂的心理的、情绪的反应。

一、焦虑的原因

当我们面临不安或危险的情境时所产生的反应就是焦虑（anxiety），原因常是模糊的，个人会觉得惊惶不安但未必了解所怕是何事何物。弗洛伊德曾提出形成焦虑的四种主因：（1）害怕被遗弃。当一个我们需要而且爱着的人要离开时，我们会怕他永远不回来了，因此感到焦虑。（2）害怕失去爱。当对某人的爱转变为恨时，我们会焦虑。（3）害怕身体伤害。（4）害怕被社会排斥，没有半个朋友，这种没有归属感的感觉也会令人焦虑。由此看来，焦虑有时是源于我们自己对情境的特殊诠释，这种危险可以说是存在于我们的想象中，所以我们可说既是加害者亦是受害者。例如，上学恐惧症的学童，常因为自己无法达到理想或期望的状态而感到恐惧，出现焦虑的症状，甚至自我伤害以规避学业的失败，此即是害怕失败而为焦虑所苦的极端例证。

焦虑可分为特质焦虑与情境性焦虑。前者是人格特质之一，具持久性，所以很容易为焦虑所苦；后者则是因情境而异，只具暂时性，如考试焦虑。有些分类是将之分为显性焦虑与原焦虑（primal anxiety），前者是个人意识到的情境性焦虑，后者按照精神分析学派之说则是因婴儿期缺乏母爱，安全需求未获得满足而留下的后遗症（张春兴，1989）。而哪些人容易为焦虑所苦呢？除了由身体状况所致的焦虑外（如癌症、酒精滥用者等），通常生性聪明且看重下列事项的人容易感到焦虑：

保持整洁、秩序、有组织。

有能力、工作能力强。

可靠度、可信赖度、责任感。

能保持和平、满足他人的需求。

对他人的需求与情感很敏锐。

热切渴望成为有用的人、能为别人做事。

有许多事（工作、计划、方案等）可以做。

由此亦验证了焦虑并不是对真实存在的威胁所产生的反应，大多是对令人苦恼的想法、负向的期待、忧虑、身体紧张或不舒服时产生的情绪反应，若再追根究底，这些令人苦恼的想法或情绪多与"控制"有关，如害怕失败、担心表现不理想，因此害怕失控也可说是焦虑的原因之一。

二、焦虑与控制感

生活中许多时候每个人都尝试着要去控制许多事，如此一来便可以确保事情按照自己所希望的或所认为的方式进行。人若觉得"一切都在掌控中"时，心理上便觉得安全，而不会产生紧张、焦虑的情绪；但是若预期事情有失控的可能，抑或自身压力过大而可能失控时，我们便会有受威胁感，连带地感到不安、紧张。所以增加个人的控制感亦不失为一个减缓焦虑的方法。

控制有两种形态：一是获得控制，二是维持控制。为了获得控制，我们就需要花费心力、时间甚至金钱，以期事情照我们计划的方式进行。而为了维持控制，我们就需要避免事情变得不可预测，变成自己不喜欢的样子，如此一来才能维持已有的控制。然而，并非事事都能在我们的掌控之中，哈特（E.Wayne Hart）博士便指出在我们企图掌握的七类事情中有三类是能力可及的，另外四类事情则超过个人能控制的范围，即使有时候我们的行为举止影响了别人的情绪或行为反应，这也不代表我们可以控制别人。能够区分什么是可以控制的，什么是不能控制的，有助于提升个人的控制感。

既然当我们将事件或情境解释为即将失去控制或可能失控时，便会感到担心、害怕、焦虑或有压力。所以想要克服无谓的担心、压力或焦虑，首先要能察觉究竟自己想要控制什么，才能进一步加以分析自己要控制的事情是否在可掌控的范围之内。对于超过个人能掌控范围的事就要"放手"（letting go），要释怀，以节省自己的精力，避免将能量消耗在争取或维持不可能获得的控制之上。至于我们可以控制的事情，就要好好规划，决定如何应对、如何想，以及如何感受。哈特博士针对在我们可以控制的部分，提出以下十项原则：

（一）有限制地追求完美

当你坚持"事情必须做得更好"却因此产生紧张、负面的态度或是觉得快要失去控制了，那么就要停止。因为你只需要做得够好（good enough），永无止境地追求完美意味着寻求全然的控制，只会不断带来焦虑。

（二）有限制地取悦他人

如果已经开始产生担心、焦虑、害怕失控的情绪，就停止取悦他人吧！例如，新婚妻子为先生准备早餐，在妻子心中可能有这么一段自我对话："今天吃包子好吗？昨天吃过了，不好。吃面包好了，可是冷冷的。那不然喝稀饭吧……可能太烫，会来不及吃完……唉，我连早餐都准备不好，他会不会觉得我是个差劲的老婆？"我们可以想象妻子的心情中必掺杂着相当程度的焦虑。停止过度取悦别人吧！因为你可以让自己也愉悦。

（三）不要再伪装强壮

如果已经有负面的感受出现，就别再勉强接受更多责任或压力，停止将苦往心里藏、泪往肚里吞。因为，你可以选择做少一些，而这绝对无损于你个人的能力。

（四）运用你的情绪

好好运用你的情绪将有助于问题解决，如果你的情绪已经开始让你困惑，甚至产生失控感，那么辨认、了解并且疏导这些情绪将会有所帮助。

（五）决定并行动

当混乱的情绪或冲突的想法使你倍感压力时，停止让它们继续不断地向你袭击。你可以做决定并行动，放手让它们离开，不再担忧，或什么都不做。

（六）改变待人方式

如果你习惯的行为模式一再使你紧张、焦虑，那就借由改变行为模式来改变关系的形态吧！因为你可以对人采取不同的对待方式。

（七）坚定

停止再退缩、压抑你自己的需求与情绪，你可以很坚定。有时候，我们会因为很容易妥协，很快放弃自己坚持的立场，而使别人忽略了我们的需要，甚至对我们予取予求，这时候心里的感觉是很不舒服、很不愉快的，该坚定的时候就得坚定。

（八）练习合于现实的思考

当我们分析状况时，不要再让夸大不实的解释方式或个人的期望扰乱分析时的逻辑顺序，而是要基于现实的情形做分析，才不会让原本是属于个人可以掌握的情况演变为不可控制。

（九）以不同的方式回应压力源

当感到压力时，不要觉得自己一无是处，觉得自己没有能力应付，因而让失控感吞噬了自己，要相信自己有能力以不同的方式来回应。

（十）释放紧张

采取行动或措施来释放内在的紧张，可以免除无谓的焦虑与害怕，如运动、唱歌，或从事有兴趣或嗜好的活动。

三、焦虑与安全感

新精神分析学派的学者认为，焦虑的发展可溯及幼年时期。如果孩子从父母及照顾者那里学习到的是足够的信任，那么长大后比较不会为焦虑或罪恶感所苦；反之，若照顾者只注意他们自己，对孩子自私、不够照顾，声音很少是柔和的，反而常常生气，孩子便处于焦虑之下，感受到被遗弃的威胁；或者对孩子充满批评、挑剔、威胁，孩子便如惊弓之鸟，同样地感受到不安全。这样的焦虑会伴随着孩子长大甚至成人，他们显得特别容易遇到危险，因为对他们而言，平静本来就是很少有的经验，而生活中若有类似被遗弃、不安全，则会感到焦虑、痛苦。新精神分析学派的学者杭妮（Horney）便提出"基本焦虑"（basic anxiety），描述这种广泛的孤独和无助感，她认为基本焦虑将会驱动人们去寻求安全感，并且不断地再确认自己所获得的安全感是否足够。

杭妮提出在儿童期我们通常有四种保护自己的方法，用以获得安全感来对抗基本焦虑。这些方法包括得到感情、顺从、争取权力、退缩，这些策略或许能够减轻焦虑，但是如果延续到成人时期仍只有这些因应模式，个人却得为它付出代价，通常代价是形成一个软弱的人格。

（一）得到感情

获得别人的感情就好比获得了"护身符"，以为从此别人就不会伤害自己，所以想尽办法要得到别人的感情，不论真伪，借以降低自己的焦虑不安。

（二）顺从

顺从的人会避免任何与他人敌对或冲突的可能情况，因为任何不和谐都会令他感到焦虑，没有安全感。但是，由于他不敢批评或攻击，只好压抑个人的需求与真正的想法，如此一来就变得卑躬屈膝、取悦他人，没办法保护自己的权益。

（三）争取权力

经由成功或是占优势以获得安全感，认为只要自己有了权势就不会被伤害，所以他因为焦虑的驱使，拼命要赢过别人，补偿无助感。就像是努力争夺第一名的孩子，未必能享受获得知识的快乐，反而是以第一名作为获得父母亲的爱的保证。

（四）退缩

因为担心自己所渴望的关爱永远要不到，就干脆自己先避开其他人而独立，不再指望别人来满足自己的情感需求，所以会压抑或否认对别人所有的感觉，借此保护自己不受伤。

由于这些方法多是年幼无知的我们为了获得爱、获得生存的保证所产生的很本能、很自然的反应，因此经常是顾此失彼而未必适合的方法，如果延续到成年而没有察觉自己的行为模式，很容易使我们为了降低内在的基本焦虑而使自己受伤。试想一个争权夺利的人，若只是要借由名利来巩固自己少得可怜的安全感，或许财富权力能够让他暂时获得满足与安心，但是人外有人，世界上一定有比他更有权势的人，他就很难挣脱焦虑所带来的折磨了！同样的道理，若有人将他人的感情视为自己焦虑不安的情绪的唯一解药，便会紧抓不放，即使死缠烂打令对方已经受不了，他也在所不惜。那么，要如何面对自己的焦虑不安呢？

四、面对焦虑

如何辨识出一个人是否处于焦虑当中？如紧张的笑容、尖酸刻薄的话语、手势、激动的动作、口吃、说不出话、突然转移话题、拔头发、咬指甲等，都可能是焦虑的信号，显示我们正因为不安、紧张的情绪而苦恼。而一般正常的焦虑与焦虑症患者不同的是，焦虑症患者通常会过度地反应事实而采取比较强烈的方法来避开焦虑。如果下列症状明显且持续时，就应该寻求专科医师的协助，以减缓因焦虑所造成的心理或行为混乱。焦虑症的症状包括：（1）担心或害怕有不好的事情发生；（2）颤抖、抽搐或感觉发抖；（3）疲倦、虚脱；（4）肌肉紧张或心神不定；（5）昏眩或头痛；（6）心跳加快、呼吸急促；（7）冒冷汗或手心冒汗；（8）口干、反胃或腹泻；（9）没有耐心、容易生气。

当我们发觉自己正处在焦虑时，该怎么办呢？在心理治疗的过程中，咨商师常会问案主："你现在觉得如何？"或是"好像有些事让你感到焦虑，你觉得可能是什么？"而案主常会被此看似寻常的问题如当头棒喝般地敲醒、顿悟。并不是心理治疗有什么神奇的魔法，而是因为晤谈的过程中所营造的气氛、安全以及信任的气氛使人能专注于自己，降低防卫，不需要担心别人的眼光或看法，因而对于内在世界与外在事件就能够重新了解，有一番新的体会。日常生活中我们也可以如法炮制，让自己静下来专注于自身的感觉，用上述的问题问问自己，有助于澄清乱成一团的焦虑、困惑以及痛苦，以更接近问题的核心；然后再冷静地判断这些焦虑之因是否是自己可以掌控的。

某些时候，焦虑的情绪里面常常隐藏生气的感受，焦虑使我们变得无助，仿佛是个痛苦的孩子，所以我们会因为焦虑而变得生气，想要攻击对方，但是我们马上就会为此感到后悔，所以就努力要压抑这种具破坏性的想法，此时罪恶感便已随之出现。由于背负罪恶感很难受，我们便不自觉地撩拨或是设法诱发别人来惩罚我们，以减轻罪恶感。面对同学言语上的挑衅，如"哼，你有什么了不起，我看你的能力只有这么一点点……"自己不禁开始感到紧张，但是又很生气，"你凭什么这样讲！"自己也想要在言语或行为上反击，但是从小父母就不断告诫我们"不要与人冲突""好狠斗勇的都是莽夫"等，所以当我们想要反击时出现了罪恶感，或许我们就会闭嘴，沉默以对。焦虑的情绪有时是如此复杂，面对真相又是痛苦的，所以寻求专业人士的协商或辅导有时是必要而有效的。专业人士可以帮助自己能更深入探索情绪，减缓焦虑感，以及克服心理障碍，以免我们辨识出焦虑时，会因为离自己内心的冲突更深入一步，基于趋乐避苦的原则而不自觉逃避。

第六节　害怕

害怕（fear）与焦虑不同，害怕是对真实存在的危险所产生的一种自然、适应性的反应。如过马路时，突然有一辆不守交通规则的车子冲过来，你会感到害怕，因而赶紧退后几步或是跳开，"害怕"保住了你的性命。但是，很多时候人们并不允许自己有害怕的情绪，尤其是成年人，你大概很少听到成年人说他怕老鼠、怕小白兔、怕自己一个人去买东西吧？因此，害怕常常会以其他形式的形容词从我们口中说出，如焦虑、紧张、担心、沮丧、困扰、犹豫不决、不安全、无聊等，其中害怕最常出现的伪装形式就是：愤怒。因为人们在害怕的时候，最常有的反应不是反击（fight）就是逃离（flight），如果我们采取反击，则常会伴随着生气的情绪，因而使我们误以为自己正处于生气的情绪中，难以察觉真正的恐惧。

不论害怕伪装为何种形式，目的之一在于保护个人免于伤害，这是其正面功能。但是不可否认的，一旦个人有太多的害怕或是太过紧张时，却极易冻结能量而无法行动，或是做太多无谓的反击，此其负面的影响。卡文纳（Michael E.Cavanagh，1982）指出在其咨商辅导的过程中，发现有四种最常出现的害怕经常影响我们的生活，包括害怕亲密、害怕被拒绝、害怕失败，以及害怕快乐，这些害怕或多或少都会干扰我们与他人的互动关系。

一、害怕亲密

害怕亲密的人很难和别人建立稳固而长久的关系，只要别人靠近一些便感到不安，因而又退缩回到自己的世界。这是因为他们很担心"别人把自己看穿、看轻"，生怕这样一来对方就会离自己而去，所以当对方近一点就逃离。对亲密过度害怕的人常常有三种反应的形态：（1）在心理上筑一道墙，坚守"保持距离，以保安全"的原则；（2）制造假性冲突以避免亲密，如故意挑起争端或捏造一个问题；（3）发展出反恐惧的（counterphobic）反应，以一种"这样太快、太多"的方式推开自己其实很想亲近的人。对他们而言，亲密所带来的不是了解与体谅，不是信任与浪漫，而是不安。因为他们缺乏对自己与对别人的信任，觉得自己不够好，所以逃避亲密；认为对方会抛弃自己，所以保持距离。亲密也可能意味着"控制"，由于经验中只要人们亲近、关心自己时，就会连带干涉、控制自己的生活，这些都会令我们有生气、害怕或讨厌的情绪出现，因此对亲密产生排拒。这或许与个人成长的经验有关，但无论如何，少了亲密，生活势必失色不少。

二、害怕被拒绝

这样的人总是在拒绝自己，觉得自己不够好，无法自我接纳，连带地也常常在情绪上将自己由情境中抽离出来，他们会假装不在乎别人是否接受自己，以免遭受别人拒绝时会受到伤害。所以，他们常会与较不可能拒绝自己的事物建立关系，如小孩、动物、工作、嗜好、车子，即使与人有所互动，通常也只会让对方知道一些表面的信息，因为对他们而言，被知道越多就越可能被拒绝、被伤害。此外，他们也会采取一些特定的做法以排除被拒绝的可能，如让自己成为好人、逢迎的人、很有功能的人，这样别人就较能够接受自己，因为自己的存在有价值。他们也可能变得很脆弱、无助，以引发别人同情，这样就不会被拒绝。他们也可能将自己武装得更强壮，变得更独立、更坚强，使自己根本就不需要别人，这无异于先拒绝别人，只要是能够使他们不被拒绝，任何代价也在所不惜。

三、害怕失败

失败会引发极大的焦虑，因为很怕失败，所以他们总秉持着"少尝试，少失败"的原则，几乎从不做任何的冒险。有时候，他们会刻意淡化成功的重要性，任何事都不重要，一切都"没什么大不了"，读书不重要，交女朋友没什么了不起，考试、面试更是愚蠢，这么一来，就不会为失败所苦了。他们为了避免失败，另一种可能则是会过度准备，用尽全力、想尽办法，一定要确保自己成功，不然就像是世界末日，连自己的存在都没什么价值。上述这种"全有或全无"的态度，使他们不是低估自己的能力，就是过于强化自己的弱点，导致决策常会出错。

四、害怕快乐

以下几种类型的人会害怕快乐:(1)想要快乐，却又害怕采取步骤让自己变得快乐。因为若采取改变的步骤，极可能带来很大的压力，引发强烈的痛苦，所以宁可不要自己快乐。例如，终止一段冲突的关系或改变自己的某种特质，可以使自己更快乐，但是因为改变太费力、压力太大，所以宁愿放弃。(2)觉得自己不配得到快乐，因为有罪恶感的问题尚未解决。例如，妹妹身体不好，常常只能待在家里，自己每次出门玩的时候便觉不安。(3)觉得自己不应该得到快乐，可能是过去的经验中，曾经在自己很快乐时却发生其他重大事件而使自己觉得快乐是不好的。例如，当自己在外游玩时，亲人却在此时生重病或过世，个人因此受困于早期的决定，无法快乐。(4)不想要快乐，因为快乐会带来许多问题或困扰。例如，快乐意味着成功，而成功却得要付出许多努力才能获得，不想要如此辛苦地努力，所以也不要快乐。

不论是害怕什么，如果不能知道自己害怕的对象究竟是什么，就会引起焦虑，以及其他未分化、个人不能辨识的情绪掺杂其中，只会使情况更复杂。知道自己怕过马路，就会格外小心或者绕道走天桥；害怕老鼠、小兔子、蛇等动物可以采用行为治疗法的"减敏感法"来帮助自己克服。至于害怕亲密、害怕快乐、害怕被拒绝、害怕失败、害怕经验到无助的感觉等，显示出我们对自己不够有信心的脆弱部分，总是觉得自己"不够格"、没有价值、不值得他人注重，也因此很难真正信赖他人，对任何形式的沟通或接触总保持距离，只为了维护自己内在仅存的、脆弱易碎的自尊。提升自我价值感将是克服害怕，以及解决情绪问题的根本途径之一。

第七节　羞愧感

你一定问过或被问过这句话："你不会觉得很丢脸吗？"如果你的确有过丢脸的感觉，那么这种感觉就是羞愧感。所谓羞愧感就是指个人无法达成他人的期许时，所感到极端难为情的情绪。而伴随产生的通常是很尴尬、退缩、受到屈辱或生气的情绪，有时这样的情绪强度太大，令人坐立难安，所以羞愧感被视为负向的情绪，导致人们只注意到羞愧感如何伤害我们，却忽略它的正向力量。其实，当我们的行为表现或想法是不正确、不道德或不真实，便会产生羞愧感来提醒我们这样的不一致，因此羞愧感可说是一股内在的驱力，促使我们改变，变得能自我约束、自我判断，以及自我满足，亦提升了个人的自我了解，使潜能能够发挥到极致。

健康的羞愧感提醒我们并非圣贤，只要能将错误改正过来。犯错是在所难免的事。借此过程，也使个人能了解自己的缺点及有限性，视需要而做调整，以使自己与他人的相处更和谐，因此羞愧促进了个人行为成熟与负责。由于羞愧心并非由人类内心自然激发出来，而是借着父母、师长的纠正过程代代相传的，若不纠正我们的错误，日后便常常犯错仍不自知、自以为是，而倘若有人反对我们的所作所为时，还以为是对方有问题呢！故羞愧感可说就像良心的监控者，防止我们得意忘形，这也是羞愧感的正面功能。

要小心的是，父母在纠正错误的过程中，应该以健康、协助性和尊重的态度来指正孩子，自然就能挑起羞耻心；反之，若父母师长所用的是羞辱、恫吓、不尊重的方式来纠正孩子，则不只令孩子尴尬，还会感到自己一文不值，严重打击其信心，此即不健康的、过重的羞愧感。由于自觉无用、不可爱，心中自然会渴望成为完美无缺的人，导致尽其所能避免向他人求助，也不愿表达心中的困惑，对于困难的事常拖延或推卸，或不断批评自己的表现，由此可见羞愧感对个人生活影响之长远。举例而言，一般人在口头报告时难免出些小状况，好比发音不标准、咬字不正确，或是忘词等，这原本是无可厚非的错误，绝不影响个人存在的价值，但是太过沉重的羞耻心则会使人产生深切的自卑，觉得自己一无是处，因此不仅焦躁不安、脸红心跳，觉得大家好像都在看自己的一举一动，更觉无颜见人，认为大家都在等着自己再出丑。

如果你察觉到自己似乎有上述"过重的羞愧感"之特征，千万不要专注于责怪父母、师长的教养方式上，因为怪罪他人不仅消耗能量，而且让你深陷其中，变得愤世嫉俗，不仅于事无补，而且让问题如雪上加霜。如果你还发现自己会因为羞愧感作祟而说谎或发脾气，要了解这是出于正常的自我防卫，目的在保留面子。从小，中国文化熏陶教养的孩子是接收到较少赞美的，而许多谚语也都传达赞美具有负面作用，因此孩子很少获得赞美，因而也很难肯定自己的优点，无形中他人的鼓励成为建立自信的来源。一旦他人不肯定自己时，很容易因为"非好即坏"的二分，将自己划分为坏的、差劲的、不好的人，自然就会动怒，以说谎、否认、合理化等方式来保护自己基础薄弱的自尊了。问题是面子保留了，问题解决了吗？

所以要减轻羞愧以重建自尊，首先得重新学习看清楚自己的能力，而不是一味地将自己所作所为都贴上"非常不好""很烂"的标签来评定自己。个人借由承认自己的成就，欣赏自己的成就，才能减少对外界肯定的依赖，慢慢地才会愿意承认自己的缺点，因为承认错误不再有威胁感，不那么让人无地自容了，而且承认缺点的确是比自我防卫要省力、省时得多，我们的能量将可以获得更充分的发挥与应用。例如，原本你在班上考试成绩都维持在前十名，结果这一次不晓得怎么一回事却滑落到第二十名，突然退步这么多，你觉得自己很差，此时伴随的情绪就是羞愧感，觉得很丢脸，认为大家一定都注意到此情形并议论纷纷。其实你只是偶尔地表现失常，并不经常如此，况且你还有其他优点，所以不要因此认为自己很差，是个一无是处的人。

第八节　罪恶感

成绩从十名之内退到第二十名时，如果你除了自己丢脸之外，还出现"对不起父母""辜负父母的期望"的感受时，便是罪恶感。当我们背着父母做不能做的事时，如抽烟、打麻将、飙车、逃课等，也会有罪恶感，因为父母从小就告诉我们这些是不好的，这些价值观早已内化为自己的价值观了。如今我们却违反，好像"明知故犯"，就会有种觉得自己不好的感觉出现，此即罪恶感。再如明明跟父母说要去同学家，结果却跑去和女孩子约会，这时心中也会有罪恶感的情绪，因为自己说谎了，然而"不可以说谎"是必须遵守的规则，自己却违反，罪恶感油然而生。综合上述，当我们所作所为无法达到内在对行为的自我要求和期许时，所衍生的感受称为罪恶感，特征是觉得自己坏、邪恶、没有价值，通常也掺杂着后悔、自责以及焦虑。

适量的罪恶感能够帮助我们控制狂野、原始的情感，以免伤及自身与他人，因应社会的要求与禁忌，与世界和平共处；而过多的、不适当的罪恶感则使我们负担过重，终日活在自责、羞愧之中。如果能了解生活本不可能完美，身为人类如你、我也不可能完美，罪恶感便可大大减少。米勒（Donald Miller）和斯旺生（Guy Swanson）在研究孩子对各种行为的反应时，发现孩子的罪恶感可分成两种：一是神经质的罪恶感，乃为了不合理或不适当的原因而自我惩罚；二是人性的罪恶感，即所谓的良心，乃基于关心他人而衍生，这种罪恶感会减少孩子对自我的批判，增进他的人际关系。

一、罪恶感的原因

造成过多罪恶感的成因之一是，我们对自己及外界事物或他人拥有不切实际的过高期望。这些期望无人能达成，所以当我们失败时、欲望无法获得满足时，我们感到生气、挫折、痛苦，而后又为自己的这些感觉产生罪恶感，因为这些生气、挫折、痛苦等也是被禁止的感受！例如自己做错事情，明知不能够怪罪他人，但是却又怪了别人，罪恶感于是而生。而因为罪恶感，个人便会自我惩罚，其严厉的程度甚至比别人惩罚要重上好几倍，如猛烈用头撞墙的孩子可能只因被父母亲误会，打了他一个耳光。罪恶感越强烈，自我惩罚的强度越大，而罪恶感的强度取决于自认所犯的错误有多严重以及能否加以弥补而定。

另一种产生罪恶感之因是知道我们想要或希望的事物具有危险性、不符合道德标准或不为大众所接受时，如想偷走一件诱人的物品、想拥有更多的权力、想乘机报复平日对自己态度不好的同事等，这些都是属于不好的念头，所以当自己有这些想法或行动时，便会产生罪恶感。

二、不健康的罪恶感

当罪恶感是在潜意识时，就无法成为促进个人成长的动力，反而会导致自我惩罚的行为出现。为什么呢？因为罪恶感若是在潜意识层面运作时，我们根本就无法控制，它还会持续恶性循环，使我们的自我惩罚越来越严重，情况变得更麻烦。我们若因此沉溺在自我惩罚中，也会变得越不喜欢自己，越来越憎恨自己。例如，离家到外地求学的孩子，如果假日没有回家就很有罪恶感，因为他知道父母亲都很盼望他回去，自己却没有做到。于是非常自责，心情十分恶劣，很可能就会无意识地惩罚自己，如谢绝一切会带给自己愉快的事物、吃很少、睡不着等。其实，只要打个电话回家，报平安之外，再和父母多聊聊，也就可以安心了，这是出于健康的罪恶感的因应方式。

以下这些便是出于个人未意识到的罪恶感所导致的自我惩罚（Cavanagh，1982），可视为不健康的罪恶感：

1. 深信自己一定有错误：尽管他人一再保证、一再说明，个人却仍相信自己在身体或情绪上一定有哪里不对，所以罪恶感也一直伴随着他。

2. 优柔寡断：只要处于两难的困境时，不健康的罪恶感会使我们经历到极为严重的紧张感，而且无法在此特定的情境中满足自己的需求，因为动辄得咎，怕自己出错。

3. 创造失望（creating disappointment）：这类人总是期待着快乐到来，一旦获得时却又感到失望，"这就是全部了吗？只有这样吗？"这是不健康的罪恶感作祟，使个人没办法好好享受应得的快乐。

4. 出现过度驱策的需求（overdrivenneeds）：不健康的罪恶感会不断鞭策我们往目标前进，我们的需求都与"努力不懈"有关。需求之一是"要完美"，造成我们对自己与他人皆设定无法达成的目标，因为完美永不可期，所以我们会持续地失望。需求之二是"过度的义务"，因此我们会设法定下许多责任与义务，将这些重责大任全部都往自己身上揽，并且排除生活中的享乐。需求之三是"不断担心"，如此一来，自己的罪恶感就可以降低。

5. 习惯性地让自己在每件事一开始就种下败笔，包括友谊、婚姻、事业等。事情还没开始进行，个人既有的罪恶感就使自己诸事不顺。

6. 逃避成功，追求失败。通常在最后关头才会好好地做，但是又会设法自我毁坏。

三、承认错误

如果能够辨识出这些问题乃起因于个人的罪恶感，我们才会如此自我惩罚，那么就有机会解决这些困境。当事实令人无法接受时，人们充满防卫地逃避，罪恶感之所以如此有破坏性正是因为我们否认它。要解决或管理好自己的罪恶感，第一个步骤就是承认罪恶感。有时罪恶感会与别的情绪混淆在一起，所以要花些力气才能辨识出，譬如有些人会以不断伤害自己的方式来为未解决的罪恶感赎罪。如果个人能辨识出自己其实是因为做错某事，或是违反规定而有罪恶感，那就认错吧！因为承认错误才能接受责任，才能使自己自由。

第二步骤是发现罪恶感真正的来源。例如，没有全心全意照顾自己小孩的母亲，因为她不是一个好母亲，于是产生了罪恶感。但是，她却误以为自己的罪恶感是因为有了小孩后，自己去探视母亲的机会减少了。由于误判罪恶感的来源，便会弥补错对象，应该要好好照顾小孩，却变得更常回娘家，罪恶感怎能消除呢？这个步骤使个人可以从适当的罪恶感中获得成长，并从不适当的罪恶感中获得自由。

第三步骤则要弥补真正适当的罪恶感，不然还是会以自我惩罚的方式不断干扰个人与他人的生活。至于无法弥补的错误，也要在坦承错误之后加以释放、超脱，才能原谅自己，允许自己从中学习成长。有强烈道德良知的人，则必须要形成对自己、对他人较实际合理的态度，才能原谅自己的错，不然会常常觉得忐忑不安。

四、焦虑—愤怒—痛苦—罪恶感

通常产生罪恶感之前会有三种情绪：焦虑、愤怒以及痛苦（Freeman & Strean，1986）。因为心中所期望的或是想做的事是被禁止的，因而感到愤怒，对那些阻挠或是反对的人感到痛恨，而这样的感觉又令自己矛盾、痛苦，随之而来的便是因为了解自己违反某些父母的、社会的规则而产生的罪恶感。以下的例子正可描绘出这种历程。

某日，A太太感到非常沮丧，因为她的先生晚了一个小时回家吃晚饭，也没有打电话回家。刚开始她觉得被先生冷落了，认为先生不够关心她才会晚归，辜负她一片心意，正如心理分析学家所称的"分离焦虑"，或是杭妮说的"独自处在敌意的世界中"。大约等了20分钟后，她开始感到生气，假想着先生是不是正和别的女人幽会等，甚至气得想要伤害先生，谁叫先生让她在情绪上遭受如此的折磨。突然，她觉得很痛苦、很无助，因为她想到先生会不会是在路上出了意外，这种死亡的想法让她产生罪恶感，于是罪恶感盖过了先前的愤怒。当她听到先生的车停在家门的声音时，就整个人放松了，于是快步跑去迎接他。

当你能面对自己的罪恶感时，你才能发展对自己与他人真正关心的能力，而关心的能力发展之后，你将成为更好的婚姻伴侣、更好的父母亲、更好的朋友、更好的雇主，这也就是温尼卡特（Winnicott，1963）认为这样的关心代表着成长以及正向的责任感之因。

第六章　青少年情绪管理的方法

有一个男孩脾气很坏，于是他的父亲就给了他一袋钉子，并且告诉他，当他想发脾气的时候，就钉一根钉子在后院的围篱上。第一天这个男孩钉下了40根钉子。慢慢地，男孩可以掌握他的情绪，不再乱发脾气，所以每天钉下的钉子也跟着减少了，他发现控制自己的脾气比钉下那些钉子来得容易一些。终于，父亲告诉他，从现在开始每当他能控制自己脾气的时候，就拔出一根钉子。一天天地过去了，最后男孩告诉他的父亲，他终于把所有的钉子都拔出来了，于是父亲牵着他的手来到后院，告诉他说："孩子，你做得很好，但看看那些围墙上的坑坑洞洞，这些围篱将永远不能恢复从前的样子了，当你生气时所说的话就像这些钉子一样，会留下很难弥补的疤痕，有些是难以磨灭的呀。"这一天，男孩终于懂得管理情绪的重要性了。

你现在的心情如何？是欢乐、烦恼、生气、担心、害怕、难过、失望，或者是平静无常呢？还是你根本不懂自己的心情？一早起来，也许你看到阳光普照而心情愉快，也可能因为细雨绵绵而心情低落；你也许因为逃课没被点到名而高兴，然而考试快到又让你担心；谈恋爱的你心花怒放，失恋的你却又垂头丧气……我们拥有许多不同的情绪，而它们似乎也为我们的生活增添许多色彩。然而又听说有情绪是不好的或者觉得一个成功的人应该不能流露情绪或者怕被人说你太情绪化，所以宁愿不要有情绪……其实真正的问题并不在情绪本身，而在情绪的表达方式，如果能以适当的方式在适当的情境表达适度的情绪，就是健康的情绪管理之道。因此，本章将介绍我们在因应情绪时常用的防卫机制和有效的情绪因应方式，并深入探讨如何察觉自己真正的情绪、了解引发情绪的原因或信念，并且提供一些方法来缓和情绪或者转换情绪，最后探讨如何成为情绪的主人。

第一节　防卫机制与上瘾

通常因为面子、情境等场合因素所致，我们会不自觉地在他人面前隐藏真正的情绪，或者我们会将强烈的情绪转换为较不具杀伤力、震撼力的方式表现，而只让别人看到一部分真正的情绪，这都是非常符合社会规范、十足社会化的行为表现。或许我们未必完全清楚自己有这样的行为表现，但是我们确实是合宜地掌握自身的情绪，决定了合适的呈现形态，在不扭曲事实的情况下，在掌控范围之内，我们做出于人、于己皆恰当的决定与行为反应。

如果我们能够明白这些行为都是经过自己抉择、决定的结果，进而能为自己的情绪负责任，则不必要的情绪问题便可以减少。问题是，生活中所面临的许多事对个人而言是具有威胁性的，有些大到足以引起个人内心焦虑的事，或许旁人看来只是芝麻绿豆大的事情，然而对个人而言，却可能意味着个人形象、价值感、自尊心的折损或破坏，因而令人方寸大乱。此时，恐怕就得费些功夫才能对情绪操控自如了。

卡凡那（Cavanagh, 1982）指出，我们在焦虑产生时，通常会有以下两种因应方式。

1. 维护正向特质，隐藏负向人格

举例来说，成绩得 C 的学生感到相当焦虑，担心期末会被老师批评，而他为了降低焦虑，便可能会以投射或是合理化的方式来保护自己。例如，将一切归罪于老师教得太差，所以我才会得 C（投射）；室友太吵，我无法专心读书（合理化）。如此一来，他仍可以视自己为一个优异的学生，维护了自己的价值感，因为错在别人，虽然他明明只是一个普通的学生。

2. 欢迎负向特质，隐藏正向自我

举例来说，一个认为自己无趣、没有吸引力的女生可以用以下这个理由作为借口，而由群体中抽离，"反正我是个没人爱的家伙，去参加班上的活动做什么？自讨没趣罢了，更不用说什么社团活动、联谊啦"。换言之，她的负向自我概念使她可以不必冒险与人建立关系，完全避免经验到"焦虑"的机会，如此一来，她就可以免于受伤或被他人拒绝。再如一个认为自己一无是处、毫无能力，经常处于羞耻的情绪中的人，便可以用"我是个没用的人"作为理由而不必为失败负责，免于遭受失败所引发的焦虑感，虽然相对的，他也很难获得成就感。

根据精神分析学派的看法，上述这些自我使用来对抗日常生活中的冲突所引发的焦虑，以降低心理冲突的方式就是防卫机制。前一章中，我们介绍了许多生活中常出现的情绪，包括愤怒、忧郁、无助、焦虑、害怕、悲伤、罪恶感、羞耻感等，这些情绪虽然有正面的积极功能，但由于多数时候它们所带来的是不舒服的感受，常引发个人内在的焦虑，使个人的心理状态失去平衡，所以很多人"避之唯恐不及"，既不深究这些情绪的意义与影响，也不加以管理，反而想办法逃避或是对抗这些情绪，如装作没事、找个理由安慰自己、将错误归咎于他人、改从事别的活动以转移注意力，等等，这些都是以防卫的方式来对抗真实的情绪。因为要我们承认自己的确在重要的事情上欺骗自己，是很困难的一件事，尤其更难去面对自己这么做的目的，只是为了使自己心里好过些、减少焦虑、减轻痛苦，所以防卫机制成为人类行为中最被忽视的动力。

事实上，我们在很小的时候就学会了防卫，如打破花瓶的小孩可能在父母亲询问时很自然地"说谎"，因为他看过被处罚的痛苦，不论是基于生存的理由，或者基于人类趋乐避苦的原则，防卫机制的确在生活中某些时刻扮演着重要的角色。而随着智识（intellectual）的发展，人们有时便放弃较原始、简单的防卫，改采用较复杂的防卫方式，许多家庭甚至有共同偏好某种防卫的倾向，最常见的如"投射"，先生怪太太不对，太太怪先生不对，而小孩又怪父母不对。其实防卫机制并无所谓好坏之分，它也有存在的功能与价值。强调人际关系模式的心理学家就认为，防卫是保护内在真实自我（authenticself）的盾牌，对个人发展而言是绝对必要的。实验心理学家和社会心理学家称防卫为"因应机制"，他们认为防卫主要处理的是外在世界的问题，而非个人内在的威胁。

即使不同学派对防卫的看法有分歧，但仍有其共同点：恰如其分地运用防卫机制是很重要的一件事，假如过度或不适当地使用防卫机制，可能会变成适应不良的情形，并且导致个人出现一些症状，影响个人功能的发挥及生活。如果个人所使用的防卫方式中，能有较多成熟的防卫方式，就越能在工作以及人际关系上适应得更好。

在弗洛伊德假设的数种防卫机制中，我们很少只用其中一种，而是同时使用好几种方法，目的在于保护自己。防卫机制各有特点，但它们之间有两个共同的特征：否认或扭曲现实，以及在潜意识运作。当我们因为盛怒、悲伤、自责、忧郁等强烈的情绪而内心不安时，便常常不自觉地运用以下这些防卫机制来降低焦虑，减缓不舒服的感觉。

一、压抑

至爱或亲人的去世，我们很难在短时间内抚平心中的悲伤，但是现实环境又逼迫我们必须回复正常作息，上课或工作场合并不允许我们脆弱，于是有人就会过量地工作，让忙碌的工作来使自己忘记这种悲伤的情绪，将悲伤深深埋藏在深处。压抑（repression）所指的就是这种无意识地、自然地把引起焦虑的事物、痛苦或不舒服的东西从意识中去除的动作。

另一常见的情形莫过于压抑愤怒，如某些情境中，愤怒的情绪无法对着当事人发作，只好将怒气咽下肚里去，当作自己根本没生气，事后也无任何化解方式，反而寄望一切可以"随风而逝"。这是自欺欺人的做法，让我们的部分能量已经消耗在压制住怒气，越压抑，等于是花费越多的精力来控制这头难以驾驭的猛兽；相反地，如果我们能在事后花些时间与自己的情绪共处，如同安抚受伤的孩子，这头愤怒的猛兽才能够变得温驯，得以被自己驾驭。此外，也有许多情况是因为当事人已经体认到胡乱将愤怒发出来，可能"未蒙其利，先受其害"，但是因为还没有学习到如何面对愤怒、因应愤怒，不知该如何是好，所以只好又将怒气压回"情绪收纳盒"中"藏起来"！

压抑可以操控我们对情境或对人的记忆，操控我们对现况的知觉，甚至影响身体的生理功能，许多消化器官或心脏血管的毛病就是因此而来，所以在生活中不妨留些独处的时刻，允许自己去碰触一些可能压抑的情绪，如果能借此感受到真实的情绪，也可以释放一些能量，使自己较轻松些。

二、投射

将错误、不被接受的冲动、想法或欲望归咎到他人身上，这就是投射（projection）。例如："我并不恨他，是他在恨我""我才没有生气，生气的人是你！"或是先生谴责妻子不够成熟才是造成婚姻关系出现危机的原因，却无法看到自己在婚姻中不适当的行为模式，这些都是"投射"。由此看来，投射使我们无法看到真相，使我们得以为自己"脱罪"，因而不需承担任何责任；投射也使我们不需要经验或感受任何情绪，尤其是可能带来痛苦的情绪，如生气、无助、罪恶感、羞愧等。然而，在维护了自己完美的形象或自尊时，我们终究得付出某些惨痛的代价，因为只将矛头指向他人，不只丧失个人成长的机会，更等于是断绝任何双向沟通的机会，无助于提升彼此关系的品质。

三、否认

在因应不愉快的情绪时，我们也常会采取否认的态度，以减轻现实对我们所造成的威胁。常见的情形如否认我们对他人生气的情绪，如此一来便可以使彼此的关系不至于愤怒而破裂，"否认"使友谊得以维持。其他情形如否认他人对自己造成伤害，否认自己有难过的情绪，以维持坚强有力的形象，使自我价值感免于受到伤害。再如极端的例子，死去孩子的父母，借着保持孩子的房间不去改变，而持续地否认他们失去了这个孩子。由此可知，否认即是：不承认现实中有威胁的部分，或是否认创伤事件曾经发生过。

许多时候，我们会以否认来处理自己的情绪，原因是我们习惯将事情的结果夸大、灾难化，以为若承认事实果真如此时就是世界末日、就会完蛋，不仅破坏人际和谐，还会使一切结果更糟等，这样的想法是我们不断否认的主因之一。然而，长此下去只怕变成"缩头乌龟"，永远不敢面对真相，否认越久、否认越多，无谓的担心与害怕就会造成越多的障碍，限制住我们的自由。有时生活需要冒险才能有所成长，不是吗？

四、合理化

用一种个人和社会所能接受的方式来解释自己的所作所为，对自己的威胁便可以减少，这便是对行为的合理化（rationalization）。例如，严格管教子女的父亲相信自己所做的都是为了子女好；丢掉工作的人可能合理化这件事，"反正这个工作也不是好差事"；表现不好的人也常找理由，重新解释自己的表现以降低焦虑感。同样的道理，我们也会将自己的情绪合理化，尤其是为不适当的情绪表达方式找到借口，使一切看似合理。例如，"我打他是因为我生气，我生气则是因为这件事不公平"，当事人找了一堆理由为自己辩解，阻绝了通往真相之道，久而久之，便成为习惯的行为模式，无益于对自己的了解与对情绪的管理。如果有机会，应当寻求专业人士来协助自己检核，帮助我们觉察"究竟发生了什么"，使我们非得如此防卫。

五、理性化

繁忙的工商业社会中，我们对于冷静的人、不容易有情绪的人较为推崇，因为在某种层面上，这代表着效率、品质，这也使人们越来越倾向以思考代替体验，过分注意抽象的理论，此即"理性化"（intellectualization）。以"理性化"的方式来面对个人的情绪，便可以不碰触到内心真实的感受，很容易地就将情绪淹没在理性的分析与逻辑之下，而我们对人、对己的敏感度也越来越不敏锐。最明显的例子是，当身边的朋友因悲伤而哭泣时，我们会不自觉地以专家的身份出现，为他分析状况、解释、给建议，使他远离了真实的情绪。面对情绪时，理性化可能是当下最佳的处方，不仅使我们能够做出最佳的决定，也不会危害双方的关系，但是与其他防卫机制一样，过度依赖及运用则会使我们蒙受其弊，越活越没人味儿。

六、替代

替代（displacement）意指将本我冲动由一个具威胁性的对象或不可获得的对象上，转移到一个可获得的对象上。例如被父母责骂的孩子，想表达自己的怒意却又怕遭受惩罚，便可能会把攻击性转移到小狗身上，或是去践踏妈妈的花园。这是我们在处理情绪遭受阻碍时很本能的一种行为反应，过于愤怒、过于悲伤、过于羞愧等，都可能使我们遭受无法负荷的心理压力，必须马上找到出口、释放压力，于是迁怒、殃及无辜的情形就出现了，如许多纵火案等社会事件，犯罪者心中郁闷无处可发，于是随手点火，破坏路旁停放的车辆，悲剧于是产生。

七、升华

升华（sublimation）是指将受挫的动机以社会认可的方式来提升表达，亦即改变本我的冲动，转向其他渠道释放。心理学大师弗洛伊德就认为升华和幽默都是成熟的防卫机制，其中升华具有表达深沉渴望的功能，形式包括绘画、戏剧、音乐、信仰、政治抱负，等等。因此，自恋的需求可能经由成为舞台演员而得到满足，融入角色中，达到忘我的境界；攻击的冲动可能以运动和比赛的方式表达，因为投入拳击、跑步、篮球等任何运动或比赛中，个人的能量有了健康而正确的出口，情绪也因而较为和缓；悲伤的情绪得以艺术的形式呈现，在绘画或歌唱等活动中找到共鸣，纾解负面情绪。心理治疗中的艺术治疗、音乐治疗、舞蹈治疗或其他一些借由身体、肢体的潜能开发而达到治疗目的之活动，部分理论基础就是借由这些活动可以引导人们放松控制，进而释放压抑或晦暗不明的能量与冲动，协助人们自我了解。

以上七种防卫机制是我们在面对情绪时最常使用的，通常心理强度较低的人常会使用防卫以逃避现实的威胁，免于被过高的焦虑困扰，而拥有足够心理强度的人比较可以允许自己面对较大的威胁。防卫机制本在保护个人免于受到伤害或被过多的焦虑袭倒，我们才不至于变得太忧郁、太沮丧、没有价值感。但是，因为它是潜意识地否认或扭曲现实，这样一来，我们就不知道真实是什么，无法真正去感受它，而对于需求、情绪、想法就会有不正确的了解，连带也影响问题解决、逻辑思考。健康的人格并不是完全没有防卫，但是若个人过度使用防卫机制，成为一种僵化、没弹性的反应模式时，便无法真正体会所产生的情绪或者无法改进不适当的情绪因应模式，因而产生问题。实际上被我们隐藏的情绪或其他部分并不会真正消失，好比用纸要包住火是不可能的，所以如果被扭曲的部分没有被明了并且加以疏导，则个人的情绪便难以释放，还会占用成长所需的能量，因此我们应该注意防卫机制在处理负向的情绪时所占的分量以及所扮演的角色，因为，我们虽然无法控制将会发生什么事，但是我们可以控制将要如何对发生的事反应。

不适当的情绪管理技巧除了过度运用防卫机制之外，还包括上瘾行为。上瘾是因为一个人经常过度地、强迫地使用某些物质，如酒精、毒品等，其程度足以伤害到个人健康，影响社会和职业适应。除此之外，许多学者也将非物质依赖的强迫性行为归类到上瘾行为，例如吃上瘾、赌博上瘾、暴力上瘾、偷窃上瘾都算是强迫性上瘾行为，布雷萧所指出的"沉溺性行为"有类似的含义。沉溺性行为的定义是，任何一种与情绪改变有关，且对自己生活有害的行为。所以，并非只有酗酒和吸毒才是上瘾行为，工作狂、宗教狂热分子、暴饮暴食都可算是上瘾行为，至于疯狂购物、看电视成瘾、强迫性思考、沉迷于电脑网络、电子游戏等，也都是能把情绪转移开的沉溺性行为（郑玉英等，1993）。

我们可以明白不论是上瘾或是沉溺于某些事物，这些事物都让我们的情绪变得冷漠或麻木，在我们低潮时，为我们带来舒服、愉快的感觉，让我们感觉到自己还活着；此外，借着沉溺于这些事物也可以免除忧郁和失落感、寂寞和孤独感，使我们不须面对真实的痛苦，因而也就察觉不到任何与伤害有关的情绪。然而，这么做的同时也消耗了个人的许多能量，剩余的有限能量使我们的选择权与自主性减少，终究不是长久之计。

上瘾因素包括遗传、体质、社会文化以及心理及人格的因素，其中心理及人格因素可以使我们略窥情绪与上瘾行为的关系，了解药物或物质对上瘾者的意义为何。麦当盖（McDougall，1984）认为，药物的使用是一种防卫性的逃避，用来处理最原始、强烈，尚无法用言语表达的未分化的情绪。例如使用兴奋剂（如安非他命），可用来压抑自卑，膨胀自我；使用镇静剂与麻醉剂的人则是为了要忘却空虚与痛苦。肯提恩与麦克（Khantian & Mack，1985）则认为，上瘾的青少年是因为内在自我功能的缺失，因此他们以药物来代替失落的客体，才会上瘾。如同本我心理学及客体关系论所强调的，酒和药物是为了满足自己的情感需求，上瘾的人系由于内在冲突很大，造成个体自我调节混乱，影响情感生活、自尊、自我照顾的能力，以及人我的关系（简志龙，1997）。

由于这些心理因素，上瘾者尤其青少年药瘾者常有以下这些人格特质（Trcece，1986）：（1）无法经验情绪的层次，对于情绪常做出漠然或过度的反应；（2）常有过度自恋性的防卫，加上低自尊，使内在自我形象和客体形象无法统合；（3）不良的思考与判断力，产生不成熟及僵化的防卫和适应机制。其他特征如悲观的态度、无法延宕欲望的满足、有违反社会规范的倾向、情绪不成熟、不稳定且起伏强烈等。换言之，上瘾者在人际智能与内省智能方面是有所缺失的，亦即高曼（EQ 一书的作者）所称的 EQ 不足而这时候，某些上瘾行为或沉溺性行为就会成为改变情绪的工具，因为它们所带来的愉快感可以使人暂时忘却一切，或许一次两次之后，当事人就认为这辈子再没有任何事物可以带给自己这种愉快、满足感，因而就上瘾了。日后只要有空虚、痛苦、忧郁等情绪，或是稍有不如意的事情，自然就以药物、酒精或沉溺性行为来逃避这种痛苦的感受。

　　我们都知道，希望借上瘾或沉溺性行为来改善生活，为自己带来快乐或解决情绪困扰，根本就是一条不归路，因为沉溺于药物或物质不仅危害身体健康，更无法根治不愉快感。既然再怎么"飘飘欲仙"也都有"坠地"清醒和看清楚真相的时候，学习更有效的方式来抒发我们的情绪、管理情绪才是较明智的途径。以下则先介绍何谓有效的情绪管理，再针对情绪管理的具体方法加以说明。

第二节　有效的情绪管理

　　有些人在面对情绪时，是完全被情绪所淹没，当负面情绪产生时，就任由情绪牵制他们一切的思考、感受和行为，影响层面小一点的包括个人心情的不愉快、生活功能受到限制，影响层面广泛一点的包括人际关系出现问题，更严重的是他们可能因一时冲动，做出严重的举动，造成生命、财产的损失，后悔莫及。另外，有些人则是对负面情绪感到害怕、恐惧，担心自己若感受到生气、愤怒、悲伤、沮丧、紧张、焦虑等情绪，情况会更加糟糕，甚至会产生无法预测的后果，因而就极力压抑、控制自己的情绪，但是没有表现出情绪，并不表示没有情绪，所以原本被引发的情绪仍会间接地影响自己或者人际关系等。也有些人汲汲于负向情绪的控制和预防，他们认为情绪是非理性的，所以一个理性成熟的人不应该表现出自己的情绪，他们不允许自己待在负向的情绪中，拼命告诉自己"要理性""要控制情绪""我不应该焦虑，焦虑只会让我表现得更糟""我不应该沮丧，沮丧只会侵蚀我的斗志""我不能生气，生气代表我是一个不能把情绪管理好的人"。因此，他们塑造自己成为有修养的人，预防可能会引出负面情绪的情境。然而如果我们一味地否认、压抑或控制负面情绪，我们将失去适当地反映真实情绪的能力，所以也将无法真实感受到快乐等正向情绪，而变成一个单调无情绪的人。

其实，当我们失去感受负面情绪的能力，也就失去感受正向情绪的能力，然而许多人却很排斥负面情绪的发生或存在，对它敬而远之，除了因为它带给人们不愉快的感受之外，也因为它会使我们其他方面的运作和表现受到影响，然而排斥并不能防止这些负向情绪的出现，只是徒增自己适应上的困难而已。所以有效情绪管理的方法，绝不是压抑或控制，而是学习接纳情绪，允许自己有情绪，然后通过适当的方法加以表达或纾解。

在学习管理情绪之前，首先，我们应对情绪建立比较健康的态度，能够去了解、接纳情绪，并学习如何与它相处。就如同诺贝尔文学奖得主赫曼赫塞所说："痛苦让你觉得苦恼的，只是因为你惧怕它、责怪它；痛苦会紧追你不舍，是因为你想逃离它。所以，你不可逃避、不可责怪、不可惧怕。你自己知道，在心的深处完全知道——世界上只有一个魔术、一种力量和一种幸福，它就叫作爱。因此，去爱痛苦吧。不要违逆痛苦，不要逃避痛苦，去品尝痛苦深处的甜美吧。"要记住，其实情绪本身并无是非、好坏之分，每一种情绪都有它的价值和功能。因此，一个心理健康的人不否定自己情绪的存在，而且会给它一个适当的空间（吴丽娟，1989），允许自己有负面的情绪。只要我们能成为情绪的主人，不是完全让它左右我们的思考和行为，就可以善用情绪的价值和功能。

在许多情境下，一个人应该泰然接受自己的情绪，把它视为正常，如我们不必为了想家而感到羞耻，不必因为害怕某物而感到不安，对触怒你的人生气也没有什么不对，这些感觉与情绪都是自然的，应该容许他们适切地存在并纾解出来。这远比压抑、否认有益多了，接纳自己内心感受的存在，才能谈及有效管理情绪。

至于管理情绪的方法，就是要能清楚自己当时的感受，认清引发情绪的理由，再找出适当的方法纾解或表达情绪，我们可以归纳成为以下的三部曲。

一、WHAT——我现在有什么情绪?

由于我们平常比较容易压抑感觉或者常认为有情绪是不好的，因此常常忽略我们真实的感受，因此，情绪管理第一步就是要先能察觉（aware）我们的情绪，并且接纳（accept）我们的情绪。情绪没有好坏之分，只要是我们真实的感受，我们要学习正视并接受它。只有当我们认清我们的情绪，知道自己现在的感受，才有机会掌握情绪，也才能为自己的情绪负责，而不会被情绪所左右。

二、WHY——我为什么会有这种感觉（情绪）?

我为什么生气？我为什么难过？我为什么觉得挫折无助？我为什么……找出原因我们才知道这样的反应正常吗？找出引发情绪的原因，我们才能对症下药。

三、HOW——如何有效处理情绪?

想想看可以用什么方法来纾解自己的情绪呢？平常当你心情不好的时候，你都怎么办？什么方法对你是比较有效的呢？也许是通过深呼吸、肌肉松弛法、静坐冥想、运动、到郊外走走、听音乐等来让心情平静，也许是大哭一场、找人聊聊、涂鸦、用笔抒情等方式，来宣泄一下或者换个乐观的想法来改变心情。

第三节 察觉自己真正的情绪

想要有效地因应我们的情绪，第一步就是要先察觉到自己当时有什么情绪，不管你处在何种负面情绪中，先暂停、中断目前的情绪，跳脱出来，让自己冷静一下，接着把注意力从外界拉回来，注意自己此时此刻的情绪，去感觉、去体会、去观照一下自己现在有什么或有哪些感觉，觉察自我的内心感受。

由于我们的教育方式过于强调智育的发展，我们一直把注意力集中在外在知识和资讯的追求上，使得情绪感受能力发展迟滞、受到忽略。许多人很少去观照自己的感觉，也无法清楚分辨、说出自己的感觉，甚至当我们问："你现在有什么感觉？"很多人是用"大脑"在想"我应该有什么感觉，"而并不是用心在感受、在觉察。或者因为我们刻意要避免去觉察某些负向的情绪，或是想否定某些痛苦的、不想要的情绪，如此一来，我们的觉察力就会渐渐封闭，变得比较麻木、迟钝。

如果我们无法觉察自己内心情绪的话，通常会把注意力放在外在的人、事、物上，因此容易受外在环境的影响，以致被情绪冲昏头脑，理性也完全被情绪淹没，所以容易有相当直接或相当冲动的情绪反应。譬如社会上常发生"夫妻因争吵而杀人、自杀、自焚、同归于尽等""男生或女生因争风吃醋而聚众打群架、械斗""学生因不满老师或家长管教，因而离家出走、报复、自杀等""朋友间因口角而持刀杀人"……这些社会事件反映出无法觉察情绪的人，常会意气用事，因一时的情绪冲动而做出无法预测、无法挽回的行为。既然对情绪的觉察这么重要，我们怎么样增加觉察力呢？以下介绍几种方法可以练习。

一、探索自己曾有的各种情绪

（一）在一个安全的空间自言自语

找一个独处的时间，找一个安全的空间，大声地把任何感觉不加责备、不逃避地说给自己听。加油添醋，把情感夸大，让它戏剧化到超出真实的感受。反正在安全的地方你可以自由地喊叫，自由地让情绪发泄出来。

（二）以艺术（如看电视、读书、看电影、欣赏音乐和绘画等）作为发泄的媒介

为保护情感，避免悲从中来，久而久之反而造成有苦哭不出，于是就只能通过有点距离又戏剧化的艺术媒介来探索及抒发自己的情感。除此之外，也可以回想一下：是什么情节、什么歌曲会让你黯然泪下？当你记录下这些情节，你就能对引发自己情感的元素有越来越清楚的认识，借由观察刺激情节与情绪反应之间的关联性，你就能精确指出是什么导致自己的哀伤、欢喜、愤怒和恐惧等，更加清楚情绪的背后意义。

（三）回到过去

探索过去的回忆可以更清楚自己个人独特的内在、反应模式及情绪反应的原因，所以我们可以在选定某一种情绪主题之后，自由联想童年相关的记忆，只要把所想到的任何事情，不做任何筛选地大声讲出来，甚至对忘记的部分回忆可以自己虚构，用来澄清自己内心的感受。或者可以问问父母、兄长或其他幼时的旧识，问他们关于自己的童年回忆中的喜怒哀乐等，从过去经验或回忆中探索自己的情绪。

二、增加对外在、内在与中间领域的觉察

根据完形治疗学派的观点，自我觉察可以包括外在、内在与中间三个领域。觉察这三个领域可以帮助我们更清楚自己当时的感受，也帮助我们了解情绪的缘由，所以要增加觉察力，就可从此三个领域着手。詹姆士、汤尼及艾格在《真心实意过人生》（Risking Being Alive）一书中，就介绍了增加觉察力的方法（李文英译，1994）。

（一）集中注意力在你现在的感觉上

想要保持敏锐的觉察力，训练自己随时审查内心对各种情境的倾向，随时把注意

力由外在转到自己的情绪和感受，问一问自己此时此刻的感觉是什么。

（二）觉察外在、内在和中间领域

1. 觉察外在领域

所谓外在领域就是身体的知觉，如手摸书本的滑顺感、外面吵闹的车子喇叭声、邻座女生的香水味……这个领域将我们转向环境或其他人们，由身体所得的情报帮助我们对环境的理解，让我们更了解"现实"，所以就是通过我们的视觉、听觉、味觉、触觉、嗅觉等，去观察外在环境，不加上任何的修饰与渲染，不加入任何的意义，只将所看、所听、所闻、所摸的直接以"我察觉到……"的句子描述出来，完全不赋予任何的解释或说明。

值得注意的是，我们真实感受到的，与我们"认为"我们所看到的，这两者之间可能有很大的落差，我们应尽量练习客观的陈述，减少用解释性的叙述方式。

将注意力集中在这些基本的感官信息上，可以帮助我们觉察到现在正在发生的事情，而不是我们脑海中所想象的发生的事，这个训练可以帮助我们更能真实接触外在世界，而避免受到幻觉或想象的混淆。

此外，练习外在领域的觉察，有助于我们观察他人的状态，进一步将我们的觉察反应给对方，表达我们的关心；若是对方的反应是因我们而起，如发生冲突或感到受伤，我们也可以掌握线索加以因应，以有效解决问题。

2. 觉察内在领域

内在领域就是自己的身体和情感所感受的事物，如肩膀紧张、喉咙干渴、心情愉快、混乱、失望……这些都是自己内在的经验，是此刻身体内部某些特定部分的感受。练习时一样用我们的视觉、听觉、味觉、触觉、嗅觉等，去觉察身体的各种感觉。

概括来说，外在领域是指可以客观观察得到的部分，而内在领域是指个人主观的感受，只有我们自己才能清楚感受到的部分。

内在领域的觉察，对于了解我们自己的情绪相当重要，因为一个情绪通常连接着一组身体反应。譬如："因愤怒而心跳加速、双手握拳、咬牙切齿""因恐惧而呼吸急促、肌肉紧张、身体发抖"，这些都是情绪反应的信号。若我们能敏锐地觉察这些身体感受，就容易进一步觉察自己的情绪状态。例如，当我们与人冲突时，若能察觉自己心跳加速、呼吸急促、能量越来越高、身体处于高度警戒状态的情形，能够暂时把注意力放在自己的内在领域，慢慢去觉察并描述自己主观的一些感觉，了解自己正处在何种情绪状态，那么这个觉察的过程不仅可以缓和情绪，也可以让自己觉察出此时的情绪，了解原因以利于进一步因应，就不至于让气愤的情绪持续加温，而爆发严重的攻击行为。

3. 觉察中间领域

中间领域和前面两个领域不同的是，它不是来自感官信息，它是通过抽象化的过程来解释信息。中间领域为思考以及与其他相关的一切，如担心、判断、想象、计划、假设、分析等，这类描述常会包含"我想……""我猜……""我认为……""我相信……"等动词。中间领域的活动不一定与现在相关，而可能与过去或未来有关，如我们想着未来或过去的事情就是在中间领域活动。

"考试如果考不好，怎么办？""假使没有了工作，该怎么办？""假如得了癌症，该怎么办？""如果发生战争，该怎么办？"这些疑虑皆包含在中间领域。当我们一直躲在思考、想象的象牙塔里，将会阻碍我们和环境产生真实的接触，对真实有所扭曲，因此引发过多或不当的情绪，如不安的产生就是因为越过此时的现实（内部或外部领域），而进入中间领域所产生的问题之一。当我们对未来可能发生的事情感到恐惧时，便会先在身体内部准备足够的能量以对付状况，然而预想的未来状况根本不存在于现在，所以这种能量并没有适当的释放场所，而这些无处释放的能量便会在身体内部循环，也产生我们所谓不安的紧张和压力（罗丝、那吉亚，1992）。所以如果当我们感到不安时，可将注意力转向外部领域——就是现在自己周围所发生的事情，而不要再注意中间领域的空想，如此身体就不会无端处于警戒的状态。

三、记录整理每天情绪增加对自己情绪的认识与觉察

增加觉察力的另一个方法，可以从撰写个人的心情日记或者记录自己每天的情绪状态着手。写下自己的心情日记，在日记中具体地描述事件的发生、觉察自己的情绪、了解自己的想法，并与过去经验做一些联结，看看是否受到过去经验的影响？因为我们的想法、行为和情绪可能会受到过去经验的影响，所以为了增加自我的觉察和了解，不妨也回忆一下过去是否有类似经验。

除了情绪日记之外，为了增加情绪的觉察力，曹中玮（1997）也提出一个可以观察、记录的方法：当你清晨一醒来，就在情绪状态表的七点量表上，勾选出自己的情绪状态；睡前再记录一次，并将当天较为明显的情绪事件记录下来。这个方法可以让我们定时觉察当时的情绪。不过，若能进一步辨识当时情绪的内涵、记录有此情绪的原因，则不仅能增加情绪的觉察能力，也能洞悉情绪与事件、想法之间的因果关系。因此，笔

者设计了另一种情绪记录表，一样在每天起床后及睡觉前，觉察并记录当时的情绪状态，并简要描述有此情绪之因，另外也将发生在当天的重要事件和相关的情绪记录下来，这样记录一段时间以后，可以看出自己情绪的变化情形，进一步了解情绪的周期及情绪变化的原因。

不过，自我觉察需要一再地练习，当我们对于自己的起心动念，一次又一次地觉察，觉察力就会越来越敏锐；而当觉察力提高时，也就越能清楚地了解内在、外在的实际情形，而能有效解决问题。随着觉察力的增加，生活中选择的机会也会跟着开阔起来。也就是说，当我们能够觉察出自己在什么时候想要什么，也能适当地反应自己的需求，不再受限于某些固有的表达或反应方式，选择增加，弹性也就更大了。所以，当我们能增加自己对情绪的觉察力，就可以帮助我们如何有效地处理情绪，因此，当你下一次有一些情绪产生时，不妨先让自己冷静下来，将注意力集中在自己的感觉，观照、觉察一下当时的情绪。

掌握情绪之前要先能察觉自己的情绪，而且是自己真正的情绪。由于情绪本身的复杂多变，我们所直接感受或表现出来的可能是已经经过包装或伪装的情绪。例如，以生气的方式来掩藏内心受伤的感觉等，所以我们也要学习分化并辨识我们真正感受到的情绪，而不是被表面情绪所局限，反而忽略自己真正的需求或感受。

当我们对情绪不够熟悉，或是不够了解的时候，常常无法明确地辨识我们所感受到的情绪。譬如，有时候我们只能粗略地感受到不舒服、不愉快，至于那个"不舒服"是什么，却说不上来，这时候我们就需要进一步探索情绪，试着问自己："是什么让我感到不舒服？""这不舒服是愤怒、悲伤、挫折、害怕、羞耻还是罪恶感？""如果是接近愤怒的感觉，是不平、不满、有敌意、生气……还是愤恨呢？""如果是羞耻那类的情绪，是觉得愧疚、尴尬、懊悔还是耻辱？"这样一步一步引导自己，就可以将原本模糊、笼统的情绪，分化成比较具体、明确的情绪，也才能进一步利用情绪所带来的线索，加以因应。

除了对情绪不熟悉、不了解，需要进一步分化与辨识之外，如果情绪中夹杂着两种以上的复杂情绪时，也需要进一步加以澄清，将那些纠葛、混合的情绪抽丝剥茧，一一加以检视，才能针对问题加以因应。例如，学生上课讲话、不专心，老师生气大骂，但探其背后情绪，可能是觉得学生不听课而他这么认真，让他好失望，同时也很挫折，不过后来很快就转变成生气的情绪，而表现出来的也是生气的反应，因为他觉得"在学生面前承认或表现出挫折的情绪，等于暴露、承认自己是脆弱的、受到伤害的，这样很没面子（引发了羞耻感）"。因此，为了避免师生冲突，老师若能分辨出自己真正的情绪，他才能针对挫折的情绪加以处理，对症下药，有效解决真正的问题。

泰勒（1992）提出两种常见的情绪组型，一为"生气—悲伤—羞耻"的情绪组型，因为直接经验悲伤、受伤或脆弱的情绪比较痛苦，甚至是让人觉得较具有威胁感，所以表现出来的是生气，以保护脆弱受伤的自己。然而若再更深入地探讨的话，可以发现一个人之所以不敢呈现自己的悲伤，可能是由于自己有羞耻、丢脸的感觉。

另外一种常见的组型则是"悲伤—生气—罪恶"，此类型的人常用悲伤来避免生气，而且常常无法将悲伤、无助、脆弱、沮丧区分出来。为了避免人际冲突，他们不愿意体验及表达真正的生气的情绪，一旦他们体验或表达生气时就会产生罪恶感，认为自己怎么那么自私，担心是否伤害对方，所以他们常会用悲伤来隐藏生气的情绪。

因此，当我们在辨识情绪时，要了解情绪之间的纠葛与作用，辨识出隐藏的真实情绪，理清一层层的情绪，就比较清楚自己的情绪状态和因应之道。

此外，还有另一种需要分化与辨识的情绪状态，那就是混合情绪。举个例子来说，班上一群人临时提议星期六下午一起去打篮球，打完球之后一起去逛街，阿健来问馒头要不要一起去，馒头很想参加群体的活动，而且他觉得如果不去的话，他们下次可能就不会再找他了。但是，馒头知道他已经答应妈妈，全家要一起回外婆家，不去的话妈妈会很生气，家人也会不高兴，说他很自私，该怎么办？他的心情好烦！

在这个例子中，馒头同时存在几个情绪，结果这些混合在一起，综合成"很烦"的情绪，我们一起来看看馒头到底有哪些情绪在困扰他：

1. 他感到焦虑，因为他担心如果不去的话，以后同学可能不再找他。其实，他很渴望在团体中有归属感。

2. 他很懊恼，为什么他不能不参加家庭的活动？他无法接受妈妈生气的样子，更不能忍受家人对他的指责。

3. 他很生气，为什么刚好是这个礼拜六下午？同学为什么不改一天，或者为什么不改一天去外婆家？为什么这两件事要撞在一起？

倘若馒头能静下来，觉察自己的情绪，进一步把这些混合的情绪分化出来，他就能够比较清楚他自己在什么状态，也能针对各个情绪进一步处理。因此，分化与辨识真正的情绪，了解造成这些情绪的原因和想法，才能帮助我们掌握各种情绪所传递的信息，加以有效地处理。有时，我们心中意念纷扰，情绪五味杂陈，整个人心烦意乱，此时觉察可以中断情绪，避免自己再浸沉在持续恶化的情绪中，帮助我们将注意力集中在自己内在，所以有安定情绪的作用。因而，觉察不仅可以帮助我们冷静下来、了解发生了什么事、弄清楚事情的来龙去脉，能够更清楚地自我了解，也能更敏锐地察觉环境的实际状况。我们甚至可以通过对情绪和想法的觉察，找到下一步因应的线索，增加我们情绪反应方式的选择性与弹性。

第四节　了解引发情绪的原因或信念

　　一个燥热的午后，语文老师正在讲台上费力地讲着课文，只见大伙儿无精打采、意兴阑珊地坐在教室里，有的眼睛不断飘向窗外，有的不由自主地转笔，有的开始传起纸条，有的更趴在桌子上，听课的只有"小猫两三只"。小超的心情也很烦躁，反正课也听不下去，索性大胆地拿出武侠小说来练功。语文老师看到学生的上课态度之后，开始严厉指责同学的上课态度，说他们不知好好学习，浪费国家资源，不会体谅老师的辛苦……骂完之后又开始一一指名批评。小超被骂之后心情很不爽，偏偏不把小说收起来，一时意气用事，顶了老师几句。语文老师气急败坏，扬言要开除他。小超后来就拿着书包冲出教室，留下气得跳脚的语文老师和一阵愕然的同学在教室。

　　故事中的语文老师与小超都处在生气的状态中，但是两人生气的原因是不同的，你可以了解语文老师与小超生气的原因吗？有效因应情绪的方法除了对情绪加以觉察、分化与辨认之外，了解造成情绪的原因也是掌握情绪的要素之一。想一想"是什么让我生气？""如果我感到紧张，是什么让我如此紧张？""如果我很悲伤，是什么造成我悲伤？""是什么人说了或做了什么，让我产生某种情绪？""为何对方说了或做了那些，会引发我的情绪？我的心里是怎么想的？"了解事情的来龙去脉、前因后果，弄清自己为什么会有这种（些）情绪，当我们能明了造成我们某种情绪的原因，其实解决问题的方法也就呼之欲出了。

　　通常造成我们某种情绪的原因，主要是来自我们对事情的看法或想法，因此，当我们能洞悉究竟有哪些想法在左右着我们的情绪时，就比较能根据这些想法加以因应。理性情绪治疗理论会对情绪和想法之间的关系做过深入而完整的阐释。这派理论认为情绪是源自我们的想法、态度和价值观，而引起我们产生种种情绪的，并不是事件本身，而是我们对事件的看法或是我们心中的自我对话所造成的。

　　然而，在理性情绪心理学中，认为人的想法应该分为理性与非理性两种。"理性"是指人们对自己、他人或生活中之情况持有健康的想法与信念（武自珍译，1997），而非理性就是指对自己、他人或生活中之情况持有不健康的想法与信念。（吴丽娟，1987）将非理性想法归纳为两种类型，一种是"夸大"，另一种是"不切实际的要求"。

产生"夸大"这个非理性想法常出现的关键字是"受不了""糟透了""以偏概全";产生"不切实际的要求"此非理性信念的关键字则常是"应该""必须""一定",虽然并不是句子中含有这些字眼却为非理性想法,不过这些关键字可以作为我们寻找非理性想法的线索。

在了解非理性想法对情绪的影响之后,我们回过头来看看前面故事中的语文老师和小超。语文老师对学生的上课态度感到挫折、失望,原因可能是"他希望上课时,学生能注意听、认真学习",所以当学生没有符合他的目标、期望时,他就会感到挫折、失望,这属于理性的想法;而他的情绪从挫折转变成生气,心中的想法可能是"我很认真在讲课,所以学生也应该很认真听,上课专心是学生的本分,我受不了他们在课堂上聊天、传纸条、看课外书、发呆"。这个想法就属于非理性的,因为它含有"夸大"及"不切实际的要求"的特质,因而引发了生气的情绪,思考和行为完全被生气的情绪所掌控。

而小超被语文老师责骂之后,心情很不悦,他心中的想法可能是"我无法忍受别人的唠叨和指责""我在全班面前被骂,丢脸死了,别人一定在嘲笑我"。这个想法也属于非理性的,也包含了"夸大"及"不切实际的要求"的特质,基于这个非理性的想法,他也表现出敌意,偏不把武侠小说收起来,甚至顶撞老师。

除了非理性的思考方式之外,著名的理性情绪大师艾里斯也曾提出对人们生活影响甚大的十一种非理性信念(吴丽娟,1989;侯智慧,1996),说明如下:

(一)一个人应被周围的人喜欢和称赞,尤其是生活中重要的他人

譬如,小毛认为自己应该得到家人跟好友的喜欢,所以他就会特别在意他们喜欢什么、不喜欢什么,尽量去迎合他们的喜好,表现出他们喜欢的行为。此外,他觉得如果他的表现没有得到别人的赞赏,他的能力和成就就不值得肯定。小毛这样的信念,让他不断想去取悦别人,努力表现以争取别人的称赞,相当辛苦,也容易感到挫折,而且很难建立自信。真正的他是怎样一个人呢?他自己喜欢什么、不喜欢什么?恐怕连小毛自己都不清楚。

(二)一个人必须能力十足,各方面都有成就,这样才有价值

例如,阿德认为自己一定要很有能力,各方面都表现得很好,要求自己十全十美。这样的信念会让他有很大的压力,不断逼迫自己向前、向上,不容许自己表现得不好。这样的信念可能会让他遭遇更多的挫折感,因为一个人不可能各方面都很有成就,这是一个不切实际的想法。

（三）那些邪恶可憎的人及坏人，都应该受到责骂与惩罚

大昆是个嫉恶如仇的人，他认为那些邪恶、做坏事的人，都应该得到惩罚和报应。然而，事实上可能因他们所做的事情违反道德却未到犯法的地步，或是犯法却缺乏证据将他们绳之以法，或是报应的时机未到。诸多因素可能让大昆的想法无法如愿，此时，大昆可能就会感到生气、不平，甚至无奈，整天愤世嫉俗，让别人也不敢亲近他了。

（四）当事情不如意的时候，是很可怕也很悲惨的

当我们持着这种信念时，常常会担心事情出乎意料，认为结果是很可怕、令人无法接受的。然而，俗话说，"人生不如意事十之八九"，希望事情完全如人意、完全在掌握之中，是不可能的，而过分担心反会影响生活品质，阻碍我们接受挑战和试验。

（五）不幸福、不快乐是由于外在因素所造成的，个人无法控制

阿娟是一个比较悲观的人，她认为幸福和快乐不是自己能掌握的，不幸福、不快乐也不是自己能控制的，一切都由外在的因素来决定。当她有这样的信念时，她容易感到无助、无奈或沮丧，因为她不认为自己有改变的能力。

（六）我们必须非常关心危险可怕的事情，而且必须时时刻刻忧郁，并注意它可能再次发生

持有此种信念的人常常杞人忧天，而且把注意力都放在负向的事情上，忽视其他令人快乐、振奋的事。他们不能用平衡的角度来看生活中所有的事情，一方面容易造成忧虑的性格，另一方面也容易形成悲观的解释风格，让生活变得沉重而毫无生气。

（七）面对困难和责任很不容易，倒不如逃避较省事

阿辉是一个保守的、害怕挑战的人，当他遇到困难时，常觉得无力招架，他不愿意去体验在问题未解决之前那段不明确、有压力的情绪，也不愿承担责任，因此，他习惯用逃避方式来面对问题。不过，逃避只能暂时摆脱不愉快的情绪，并不能真正解决问题，甚至还会延误解决的时机，而让问题变得更严重。

（八）一个人应该要依靠别人，且需要找一个比自己强的人来依靠

甜甜就是一个依赖感较重的人，她相信她应该要找一个比她强的人来依靠，这样就有人可以帮她解决问题，她就可以不用自己承担所有的责任。所以她选择朋友时，一定要挑能力比她强的，然后常常把问题丢给朋友，有的朋友也因受不了而逐渐与她疏远。甜甜无疑是在放弃训练自己独立自主的能力，而当别人不能或不愿被她依赖时，她就会感受到很大的焦虑。

（九）过去的经验决定了现在，而且是永远无法改变的

认为过去的经验对现在及未来无法改变的影响力的人，性格是比较悲观的，情绪是比较无奈、消极的。虽然过去的经验已成为事实，但是最重要的是我们对于过去事件的解释和看法，所以，我们可以调整自己的解释和看法，让过去的经验产生正面的价值。

（十）我们应该关心他人的问题，也要为他人的问题感到悲伤难过

阿霞的例子是一个典型。她很关心朋友及周围的人，当别人遇到问题而感到困扰时，阿霞总是热心地陪在旁边，有时也跟着难过、愁眉苦脸，她总觉得自己有义务帮他人解决困扰，可是又觉得很挫折，因为心有余而力不足，此时她也会自责，认为自己没有帮上忙。其实，他人有问题时，我们该做的就是表现自己的关心，试着去同理他的感受，不必投入过多的情绪，因为这样反而影响我们自己情绪的稳定，也阻碍了能力的发挥。

（十一）人生中的每个问题，都有一个正确而完美的答案，一旦得不到答案，就会很痛苦

如果持这样的信念，我们对每个问题都要追求一个正确而完美的答案，的确就常常会感到迷惑、挫折及痛苦，因为有些问题不一定有答案，也不一定有正确、完美的答案，而且人是很复杂的动物，人类的问题也很复杂。因此，只要能找到"够好"的答案就可以了。

另外，还有常见的六种认知扭曲现象，也会造成我们不合理的思考方式，而产生不必要的情绪困扰，具体如下（王丽雯等，1991；陈如山，1997）。

（一）扩大与夸张

即过度强调负向事件的重要性或影响力。例如："我这一次考试考得不够好，我一定完蛋了！"

（二）选择性地推论

即忽视积极的一面，只以片段的事实来下结论，忽略了整体内容。例如："虽然这次和外校一起出游真的很好玩，也交到了不少朋友，但是我无意间说错了一句话，他们可能认为跟我们班出去玩糟透了！"

（三）个人化

就是使外在事件与自己产生关联的一种倾向。例如："今天晚上去参加××学校

的毕业舞会，我不太会跳，动作难看死了，一定很多人看到我的驴样，暗自在嘲笑我！"

（四）极端化的思考

就是指在思考或解释事情时，以一种"全有或全无"，或"不是……就是……"的想法，将经验分为两类。例如："如果我不能在每一方面都表现得很出色，那么我就是一个表现不好的学生，别人就不可能会喜欢我。"

（五）过度类化

即把某件事件的结果，推论到不相似的事件或环境中。例如："我篮球打得不够好……其他球类一定也打不好……我注定是个运动白痴！"

（六）独断地推论

就是指没有充足或相关的证据，就妄下结论。例如："昨天我们到小莉家聚餐，她爸妈都没有热情地招呼我，一定是不喜欢我，不然就是我有什么地方得罪了他们！"

所以，探讨原因、了解情绪背后的想法和信念，可以帮助我们弄清楚是哪想法或思考方式让我们产生了负面的情绪。其实，如果想法是理性的，那么我们的挫折容忍力会比较高，即使事情不尽如人意，令人挫折、失望，但是还是可以忍受的，而这些想法也透露出达到目标的方向或方法。反之，如果想法是非理性的，就容易让我们产生比较强烈的负面情绪，增加不必要的困扰，对挫折容忍力也比较低，而这些想法对于如何达到我们想要的目标，也毫无帮助。因此，我们应该了解哪些想法是属于非理性的，避免非理性和扭曲的思考方式。在稍后的篇幅中，我们也将详细介绍如何有效地驳斥非理性信念，养成理性的思考习惯。

第五节　调节情绪的方法

其实，情绪所引起的反应是一种复杂的身心反应（柯永河，1997），而且情绪也是属于一种自发性的反应。我们的情绪不断在变换、流动，所以要用理智去控制它的发生很难，我们能做且该做的就是在情绪来临时，去观照并觉察我们到底处在什么情绪之中，并进一步分化、了解造成这种情绪的原因。不过，有时情绪可能很强烈，需要借助一些方法来加以缓和纾解，以免被情绪冲昏头，做出失去理智的行为。以下介绍三种暂时缓和纾解情绪的策略，包括身心松弛法、找人倾诉和转移注意力。

一、身心松弛法

这个方法的目标在帮助人们集中与放松精神，使我们的心理处于一个平静、舒适的境界，这样有利于我们进一步觉察自己的情绪状态和各种想法。身心松弛法是利用生理和心理彼此交互影响，使生理和心理两方面同时达到松弛的效果。这些方法大致可分为三类（胡洁莹，1993），说明如下：

（一）由身体至心理的放松方法

当我们在生理上能够处于一个完全放松的状态，亦即肌肉松弛、呼吸均匀而缓慢等状态，心理或精神就会自然达到放松。此类方法是先以身体或生理各部位的松弛，作为练习时的目标，在达到这个目标的同时，我们的注意力便会集中，而达到心理松弛的效果。具体的方法包括"基本调节呼吸法"与"肌肉放松训练"等。

（二）由心理至身体的放松方法

当我们的精神处于紧张的状态，便会引发一组相对应的生理反应；反之，如果我们的精神处于松弛的状态，身体也会产生松弛的现象。所以这个松弛法，就是把达到心理的松弛作为目标，通过练习的过程，让身体产生放松的效果。这类方法包括"自律松弛法"及"意象松弛法"等。

（三）身心连锁的放松方法

这种方法是利用人的意念力，来指示身体做出松弛的反应，如"意念调节体温法"，练习时是以生理的状态作为目标，不过却是通过心理的意念来达成此目标。

通过上述这些身心松弛法，可以帮助我们缓和、稳定情绪，也可以进一步帮助我们将注意力集中于情绪的觉察和分化。

二、找人倾诉

曹中璋（1997）认为说出来是最好的纾解方式，如果有人可以倾听的话，效果会更好。柯永河（1997）也认为在情绪不稳定的时候，找人谈一谈，具有缓和、抚慰、稳定情绪的作用。因此，建立个人的支持网络，在你需要的时候，有家人、亲戚或好友可以听你倾诉，这是很重要的。不过方紫薇（1997）提醒我们，找熟人倾听时，不要只是一味地批评、责怪他人，或是只发泄自己的情绪，应该试着说出自己真正的感受和想法，这样才有助于我们弄清问题，进一步找出解决问题的方法。另外，也可以寻求咨商专业人员的协助，他们的专业能力能够提供你支持、安全的环境，陪伴你走出困境。此外，也可以退而求其次，用写、画或唱的方式，来表达心中的感受。

三、转移注意力

齐尔曼指出，转移注意力非常有助于改变情绪（引自张美惠译，1996）。将注意力由原来的负面情绪和思绪中转移到其他的事情上，如出去走一走、做家事、打电动、拼图、看电视电影、听音乐或从事打球、跑步、有氧运动等剧烈运动等，可以避免情绪和思绪继续恶化。从事这些活动，不仅可以让愤怒的情绪获得冷却，剧烈的运动也和深呼吸、肌肉放松等方式有类似的效果，可以使身体从愤怒的高度警戒状态，恢复到低度警戒状态。此外，转移注意力对治疗忧郁很有帮助，因为忧郁的情绪常像磁铁一般，也像戴着一副有色眼镜，看什么都是悲观、令人沮丧的。所以，忧郁时一定要将注意力转移到令人振奋、乐观的事情上。

第六节　转换情绪的方法

一、改变想法，改变心情

理性情绪治疗理论认为，人的情绪受个人的想法、态度和价值观所影响，造成我们产生某种情绪的并不是事件本身，而是我们对此事件的想法，因此，改变想法就可以改变我们对事件所产生的情绪。

欲改变自己的想法以改变自己的情绪，究竟该如何进行？第一步首先要了解情绪的 ABC 理论，知道事件（A，activating）、想法（B，belief system）和情绪结果（C，emotional consequence）三者之间的作用，并能清楚辨认 ABC；第二步是了解与分辨理性和非理性想法，知道非理性想法如何造成不合理的情绪结果；第三步即了解驳斥非理性想法的方法，并练习驳斥的步骤。以下将深入叙述之。

（一）认识情绪 ABC 理论

话说从前有一家制鞋公司，老板想将业务拓展到太平洋上的一个小岛，他便派了两个业务人员阿掏和小朱到小岛上进行市场调查，以了解业务拓展的可行性。后来阿掏出国后，沮丧地告诉老板："我看在那里我们没生意做了，因为岛上的居民根本都不穿鞋。"另一个业务员小朱则像发现新大陆一般，他兴奋地告诉老板："哇！大笔生意来了，那里前景一片看好！岛上人民都没有鞋穿。"

从这个故事里，我们可以看出相同的事件，结果两人却有不同的情绪反应，此乃因两人对于事情的看法不同所造成的。所以，相同的一件事，不同的人会有许多不同的想法，而不同的想法也会引起不同的情绪反应。

（二）改变的第一步：分辨理性或非理性信念

既然改变想法可以改变我们的情绪和后续的行为反应，那么究竟我们该改变的是哪些想法？自己有哪些想法是属于非理性的？是否改变想法以后，从此就可以享受愉快的情绪，不再有烦恼？

理性情绪治疗理论认为，人的情绪和想法可以分为健康和不健康两种，而理性的想法是属于健康的，非理性的想法是属于不健康的。吴丽娟（1989）将非理性想法归纳为两种类型：一类是"夸大"，常出现的关键词是"受不了""糟透了""以偏概全"，另一类是"不切实际的要求"，此类信念的关键词则常是"应该""必须""一定"。这些关键词可以作为我们寻找非理性想法的线索。

非理性想法究竟如何造成我们不健康的情绪？下面用对照说明的方式，针对理性与非理性想法的类型、特点做深入探讨，以帮助读者了解理性与非理性的想法及这两种想法与情绪的关联。

1. 较喜爱 / 想要信念 / 强迫性信念

较喜爱（preferential）及想要（desiring）这类信念，有时以"我希望……""我想要……""如果……的话，会很好"等形态出现。例如，阿娣和阿新希望自己的能力在班上受到大家的肯定，若阿娣以理性的信念来陈述这个想法，内在对话可能是："我希望得到同学对我的肯定，说我是一个有能力的人；不过如果没有得到每一个人的肯定，也没关系，可能是因为我做得不够好，我还可以再努力充实我自己。"

相对于理性信念，非理性的强近性信念常以"我一定要……""我必须……""我绝对要……"等形态出现。换句话说，这类信念无法接受"我得不到我所要的""我得到我不想要的"这些情形发生。所以阿新的例子，如果他的想法是非理性的，他心中的自我对话可能是："我一定要得到别人对我的肯定，我一定要努力去争取，如果我不能得到每一个人的肯定和赞美，一定是我不够好，那我就是一个失败者。"

2. 不可怕的信念 / 可怕信念

以上述阿娣的例子来说，当她没有得到大家的肯定时，她觉得事情没那么糟，她还有努力的空间；而当阿新出现非理性信念时，他会觉得无法得到他想要的结果，后果一定会很严重、很悲伤，他容易把自己逼进绝境。所以可怕信念也常以"如果……的话，那将是很可怕的""如果……的话，那就完蛋了""如果……的话，那将是世界末日"等形态出现。

3. 挫折忍受力较高 / 挫折忍受力较低信念

在阿娣的例子中，她不强迫自己一定要得到她想要的结果，所以即使没有得到大家对她的肯定，这件事让她有点失望，不过她还可以忍受。换言之，她对挫折的忍受力较高。反之，阿新强迫自己一定要得到每个人的肯定，如果得不到的话，后果是很可怕、令人难以忍受的，亦即他对挫折的容忍力比较低。而对挫折容忍力较低的信念常以下列这些形态出现："我无法承受""我死定了""我没有办法忍受""我精神会崩溃"。

4. 接纳与责怪、自贬信念

在阿娣的例子中，即使她不能得到大家的肯定，她愿意接纳自己是不完美的，是有缺点的，是可以再加强的；她也接纳自己不一定要得到每个人的肯定和赞美，当她可以接纳自己和整个情境时，她比较能够理性地探讨问题所在，也容易找出自己可以继续努力的方向。而在阿新的例子中，如果他认为无法得到每个人对他的肯定和赞美，一定是因为自己表现得不够好，这里也没有做好，那里也没有做好，缺点好多，而且他必须得到每一个人的肯定，才能证明自己是有能力的，否则自己就是一无是处，就是一个失败者。当阿新的这些想法存在时，他就容易产生自责、自贬等信念，而且容易产生夸大的推论，如我没有得到每一个人的肯定，因此我一无是处。

从上述理性与非理性信念四大类型的探讨，我们也可以得知理性与非理性信念通常具有四个特点（武自珍译，1997），如下：

1. 有弹性的 / 顽固而无法变通的

理性的想法是有弹性的，可以随着外在情境的变动而有所改变。例如，有人打翻了你的饭盒，害你午餐泡汤了，还弄脏了周围的环境。你很希望你的饭盒没被弄倒，你也希望周围的环境没被弄脏，但当你知道对方是因为重心不稳，怕自己的热汤烫到你，所以才扑向你的桌子，而且对方也愿意帮你处理环境，赔偿你一个便当，他不是故意的，很有诚意解决问题。此时，理性的信念让你较有弹性，挫折容忍力较高，也比较能够接纳对方的过失，进一步找出解决问题之道。而强迫性的信念"我一定要拒绝我不想要的"、抵挫折容忍力的信念"我无法接受这种事情的发生"、可怕信念"我现在没吃午餐，下午一定会饿得受不了"，这些信念可能会让你情绪激动，固着于抱怨"我怎么那么倒霉？"、指责对方"你这个冒失鬼，怎么这么不小心？""你要负所有责任，不然你给我走着瞧！"甚至大发雷霆、破口大骂，引发双方激烈的冲突。

2. 合乎逻辑的 / 不合逻辑的

合乎逻辑是指人们对事情的推论是合理的、可以理解的。举个例子来说，他人的赞赏可以带给我们愉快的感受，这是合乎逻辑的。然而，反过来推论，认为要有愉快的感受，得到别人的赞赏是绝对必要的，这就属于不合逻辑的信念。

3. 与事实一致的 / 与事实不一致

也就是指合理的推论与不合理的推论。举阿娣和阿新的例子来说，阿娣认为如果自己没有得到大家的肯定，可能是因为做得不够好，这是一个合理的、与事实一致的推论；而当阿新下断论，认为自己没有得到每一个人的肯定，自己是一个失败者，这就是不合理的、与事实不一致的推论，因为他可能只是在能力方面表现不够出色，并非没有能力，也不代表他就是失败者。

4. 帮助 / 阻碍人们达到健康的目标或目的

举例而言，当阿娣有理性的信念时，她接纳自己的不完美，接纳自己做得不够好，她也能忍受这些挫折，这样的信念可以激励她继续自我充实、自我努力，来达成她的目标；而阿新的非理性信念，造成他自责、自贬的信念，而没有得到肯定这件事，可能会让他感到焦虑，因而阻碍他有效地面对问题，无法达成自己的目标。

（三）改变的第二步：驳斥非理性想法

在了解与能够辨识理性与非理性想法之后，接下来我们需要借着驳斥（D，despute）、质问非理性想法的过程，来去除这些不合理想法。因此"A-B—C"理论可以进一步扩展成"A—B—C—D—E"，这个模式让我们了解：当我们产生强烈的情绪时，造成情绪结果（C）的不是引发事件（A）而是我们对此事件的想法（B），所以若要去除这些引起困扰的非理性想法，就需要不断地驳斥想法（B），建立理性的想法。因此，通过驳斥（D）将能导引出更理性、更具建设性的认知效果（E，theeffectofdisputing）。将"A—B—C—D—E"彼此的关系图示出来，让大家更清楚ABCDE 的关系。

驳斥是指质问、找出证据来反驳某种想法是错误的，在我们找出非理性想法之后，以肯定的方式陈述，再加上反驳的陈述，形成理性的认知（想法）。驳斥的时候可以把握几个原则：陈述这个想法对我们产生的影响、根据非理性想法的四种类型来进行质问。

驳斥并不是找理由安慰自己，安慰自己虽然可以暂时安抚我们的情绪，不过会让我们安于现状，阻碍我们成长。并非引起我们不愉快情绪的想法就是非理性的，人生不如意十之八九，生活中难免有一些令人失望、挫折、难过、生气的事，不过这些情绪如果严重到影响日常生活，就可能是因为非理性想法在作用。因而通过认知的改变，不是让我们没有情绪或负向情绪，而是要有合理的情绪和情绪反应。另外，驳斥非理性信念可能不是一次、两次就可以奏效，需要不断地练习，才能渐渐以理性的想法来取代非理性的想法。所以如果你有类似"为何想法改变，感觉仍不变呢"这样的想法，发现让你有不好的感觉的想法还在，即使觉得已经改变，转换不同的想法了，可是习惯已久的想法其实已经内化成信念系统，所以很自然地我们会倾向使用旧有的内化想法，而不是刚学会的新想法，因此，更要持续实行新的想法，才有可能丢掉旧想法，你也才不会觉得不舒服。总之，我们怎么想就会怎么感觉，然后就会怎么做，影响我们的常常不是事件本身，而是我们对事件的看法，所以通过改变想法来转换心情是不错的方式。

二、从内在冰山着手

家族治疗大师弗吉尼亚·萨提尔认为每个人的经验可以用一座冰山表示，冰山涵盖着不同的层面，包括行为、应对模式、感受、感受的感受、观点、期待、渴望，而最底层的就是自我价值。经常我们呈现出来的只是冰山的一角，所以顶多只看到外显行为或者应对模式，而忽略冰山下更深层的感受、想法、期待与渴望，因此，我们将可以借由冰山的探索来更了解自己之外，也可以借此做一些转化让自己更完整一致。萨提尔认为一致性又涵盖感受、自我统整与灵性三个层次，最基本的感受层次就是希望可以觉察到自己的感受、真诚地接纳与承认自己任何的感受，不加以否认、压抑或投射，可以学习到有一种统整一致的方式去驾驭我们的感受，而这可能就得借由提升自我价值与了解内在冰山来着手。

当某件事情发生时，同时也牵动了我们的内在冰山，无论是外在行为、内在感受、观点、期待与渴望，彼此之间都是息息相关的，因此，我们要转换情绪，就可从其他层次着手。当我们越加了解自己的内在冰山，也将更能掌握情绪。例如当感到生气时，我们可以先问问自己几个问题："是什么事情让我生气？"（情境）"我通常都是怎么处理生气的？"（应对模式）"这样的处理方式的好处是什么？或者我需要付出什么代价呢？"（应对的结果）"对于我的生气，我有什么感受呢？"（感受的感受）"对于我的生气，我有什么想法呢？"（观点）"我生气的背后，其实是有什么期待或渴望呢？"（期待、渴望）……通常并没有单纯的生气，生气背后常常带着失望或者悲伤的感受，借着不断往内探索，将可以让我们更加清楚生气背后的意义，也将能更一致地面对我们的感受。

当我们无法真正地接纳或面对情绪时，我们可能采取指责对抗、顺从讨好、超理智或者逃避打岔的应对模式，无法真诚一致地与自己的感受共处，也造成与自己内心的疏远或者人际沟通上的障碍。为了能够成为内外一致的自己，我们就需要厘清在行为或者应对模式之外的不同冰山层次，借由经验情绪、扩大观点、调整期待或者满足渴望的方式，让自己不再卡在不良的应对模式中，而能借着接纳与转换情绪，得以更自在与真诚。具体而言，当我们有生气、害怕、悲伤……的情绪时，我们可以探索我们生气什么、害怕什么、悲伤什么。当我们陷在情绪中时，通常认知思考也会窄化或者变成单一思考，所以借着说出自己的观点或者写出自己的观点，可以有一个机会重新思考这些观点是否符合真相或者过于悲观。此外，也可以看看自己真正的期待或深处的渴望是什么？是不是未满足的期待或渴望让我们有这些情绪，如果是，我们可以做不同的选择，选择放弃期待或者改变期待，以不同的方式来满足渴望。

第七节　做情绪的主人

人是可以作为情绪的主人的，而不是任由情绪控制我们的思考、行为和感受。那么如何才能成为情绪的主人呢？很重要的，我们对于情绪的态度应该是允许它存在、接纳它的，当我们去认识并允许自己去体验负向的情绪，其实就让我们释放（let go）了一部分情绪。例如要上台报告或演讲，我们感到很紧张、很焦虑，怕自己表现不好、忘词，如果我们允许自己在这种情况下可以紧张、焦虑，不去压抑或否定它，并去觉察、观照自己的紧张并焦虑什么，甚至上台之后跟台下的人自我揭露"站在台上，其实让我自己觉得很紧张的"。当我们说出自己的紧张时，有时那紧张程度就减少了。此外，当我们接纳了自己的情绪，别人也容易接纳我们的情绪，彼此建立支持和信赖的关系之后，就会降低我们的焦虑，不再那么紧张，此时，我们也比较能够将注意力和能量放在报告或演讲的内容上。

其次，我们应该承担自己对情绪的责任，对自己的情绪负责。逃避情绪责任的人常用的一种方式，就是表现出一副无力的样子。例如，一个脾气暴躁的人常说"我就是没有办法控制我的脾气"，他不会说"其实我不想控制我的脾气"；一个神经兮兮的人常说"我不能不戒慎恐惧"，而不会说"我不想放弃戒慎恐惧"。这类的人容易造成自己对情绪、行为的无力感，任由情绪主宰其生活。

另一种逃避责任的方式，就是对于自己的所作所为给予过多的解释。这种类型的人常常在为自己的言行解释、辩解，而不愿面对真实感觉。举例子来说，一个旅游计划执行失败的行政人员，他不愿面对自己挫折的情绪，却拼命找理由说"都是因为天气不佳""都是因为大家不配合""都是因为……"造成的。这是防卫机制的作用之一，用逃避来避免产生痛苦的情绪。

还有一种常用来逃避责任的方式就是伪装。例如，好友凡事喜欢支配、指挥你，你心里明明很生气，却仍装出一副和颜悦色的样子，因为你怕和他产生冲突，你想避免冲突的情绪。因此，要成为情绪的主人，我们应该承担自己对情绪的责任，我们可以决定如何面对和因应情绪，而不是放任情绪恣意流窜。

再者，一个人对于生活是否有幸福的感觉，并不是在于他遇到负面情绪的多或寡，而是在于他是否能有效地因应。如果他在遇到负面情绪时，能直接、有效地加以因应和处理，他比较能感受自己的感觉，比较少压抑、否定、逃避等阻碍他接触真实情绪的防卫机制，这样的人比较能在各种情绪间自由游走，他也不是完全没有防卫作用，而是他能意识到防卫的存在，并且尽量避免使用防卫。

举例来说，期中考成绩刚下来，志强正为他的成绩烦恼，他的好友伟平碰巧看到他的成绩，关心地问："你怎么考得这么差呀？""要你管？"志强生气地回答。

想一想：志强怎么了？他现在真正的情绪是生气、烦恼还是挫折呢？当时他正为成绩烦恼着，所以伟平关心他时，他听不到关心，他心里想着"是啊，我考得这么差，我笨死了"，所以他感到生气，而将愤怒发泄在伟平身上。如果他知道自己的心情、了解自己生气的原因，也许他可以马上跟伟平说："很抱歉我口气很差，我心情真的很不好，考这么差我觉得好挫折哦，不知道怎么跟我爸妈交代，烦死了。"如此，他还是可以跟伟平维持良好的朋友关系，也许还可以跟伟平聊一聊，心情也可以好过点。

我们的心情虽然多变，但并非完全不可掌控，我们不需压抑也无须担心，可以大笑，也可以大哭、可以悲伤，也可以哀愁，我们可以允许自己的心情就像春夏秋冬一样变化，但前提是自己能清楚察觉当时的感受，而不是让情绪随时随地恣意发泄，情绪可以让我们拥有流畅的生命力。只要我们可以认清自己的情绪，了解引发情绪的原因，找出有效的因应之道，那么我们就可以做情绪的主人啰。

当我们有情绪产生时，我们可能因为无法面对或处理，所以只好以否认、压抑、投射、合理化等防卫机制来因应，但是这些防卫机制并不能帮我们真正处理内在的感受，僵化或长久使用防卫机制的结果是让我们有更多的困扰。有些人为了逃避情绪，其至产生了许多上瘾行为,让自己没有机会去处理情绪,表面安然无恙,其实内心隐藏的是更多的疏远与空虚。无论正向或负向情绪都有其价值与功能,当我们能接纳我们的负向情绪,我们才有能力感受更多正向的情绪。所以,要有效处理情绪,首先要对情绪建立健康的态度,接纳各种情绪,肯定其存在与功能。

我们可以简单地将情绪管理分为三个步骤,依次为察觉自己真正的感受、了解引发情绪的事情与理由、找出适当的方法加以缓和、纾解或改变。唯有察觉自己当时真正的感受,才能掌握情绪,而不被情绪所控制。因此,我们需要提升自己的情绪觉察力,可以借由探索自己曾有的各种情绪,增加对外在、内在与中间领域的觉察及记录整理每天的情绪等方法,来增加自己对情绪的认识与觉察。此外,情绪常常是复杂多变的,因此还要学习分化与辨识出自己内心的感受,而不是纯由表面的感受来左右。接下来,我们要进一步弄清到底是什么缘故让自己有这样的感受,找出问题之后才能对症下药,无论是弄清事实真相或者是弄清自己背后的非理性想法,都有助于我们更理解情绪的成因而有所改变。当我们处在情绪发作期时,经常无法理性思考事情的解决之道,因此,有些缓和情绪的方法,如借由身心松弛法可以让自己身心放轻松,找人倾诉纾解一下心中情绪或者借由运动、散步、出去走走、看电视等来转换一下心境。此外,我们可以借由认知改变,驳斥我们心中的非理性想法,多采用正向思考或者可以探索内在冰山来了解自己的情绪,借由扩大观点、调整期待、满足渴望等方式来转换心情。

总之,觉察力较敏锐之后,就可以让我们了解真正的情绪是什么,及此情绪所欲传递的信息,进一步有效地处理;而培养合理的思考习惯,则可以使不必要的情绪困扰减少,让想法更有弹性,挫折容忍力较高。当我们觉察力增加,也建立合理的思考方式时,就会减少使用防卫的方式来处理情绪,换句话说,我们更能接触自己真实的情绪,成为情绪的主人!

第七章　青少年压力调适

压力（stress）似乎已经成为现代人的特色，"我的压力好大喔""请你不要再给我压力好不好""他最近功课压力很大""我没有办法再承担任何压力了""看到他就让我觉得好有压力喔""上数学课最有压力了"……"压力"的确已经成为日常生活中常听到的话语。你知道压力是什么吗？你有没有压力呢？什么事情带来你的压力呢？

每个人都有大大小小不同的压力，时间的压力、课业的压力、工作的压力、同侪的压力、家里的压力……有时真的都快被压得喘不过气来了。当我们有压力时，常常会衍生出许多不同的情绪，如焦躁不安、易怒、心烦意乱、沮丧……因此，在我们了解有效情绪管理方法的同时，如何在压力情境下调适自己，减少负向情绪对我们的影响，似乎也是一个重要的课题，所以在此章中我们将探讨压力的定义、压力的来源、压力对我们各方面的影响，以及如何面对压力以有效调适。由于压力已经普遍存在，而且有其必要性，如学生如果没有考试的压力，就不会加倍认真地去读书；如果业务员没有业绩压力，公司就会出现赤字等，所以适当的压力是必要的，但是问题就在于，如果压力超过了我们所能承受的负荷，就会影响身心健康。因此，压力调适的方法并不是教导大家如何去除所有的压力（因为那也是不可能的），而主要是希望让大家学习如何减少不必要的压力，如何减轻压力造成的伤害。

第一节　什么是压力

"压力"常常挂在人们的嘴边，但是对于压力的定义，却仍无一致的结论。张春兴（1995）认为压力是个人在面对威胁性刺激情境中，一时无法消除威胁、脱离困境时的一种被压迫的感受。研究压力的专家雪莱（Hans Selye）认为，所谓压力就是当一个事件（或是外界的一种刺激）使一个人产生不同于平常的行为反应，这时这个人会觉得自己的生命似乎受到威胁，因此这个人必须决定面对这样的刺激（事件）的方式是要攻击或逃跑（fight or flight），而这事件或刺激对这个人就带来了一种压力。莱斯（Rice，1992）则认为压力指的是因环境、情境或个人压力（pressure）与要求造成的一种生理、心理或情绪上的紧张状态或负担。归纳诸多学者的看法，我们可以从下列三种不同的观点来定义压力。

一、"刺激"取向

以刺激为基础的观点是把压力源（stressor）的变化视为压力，强调内在事件（如饥饿、冷热）以及外在事件（如离婚、争吵、车祸）等心理与环境变化对人的影响，所以环境中客观存在的生活事件就是压力，生活事件的变动就是压力的指标。然而，仅将压力视为生活事件的总和而忽略事件性质似乎不够周延，拉札勒斯和弗克曼（Lazarus & Folkman，1984）就提到刺激取向是把焦点放在环境中的事件，仅以事件代表压力，却忽略了个人对这些事件的不同看法。因此，只以生活事件数作为压力指标并不足以代表个人实际感受到的压力，因为忽略了个人的主观认知因素。

二、"反应"取向

此一观点把压力反应（stress response）当作压力，强调个体在环境刺激下所引发的反应，当个体对环境中刺激产生适应性反应时，即称个体处于压力状态下。雪莱（1956）认为个人面临有害的刺激时，其身体各器官会出现抵抗这些刺激的反应，以便达到恢复正常状态的需求。当这种反应出现时，便可以说个体是处于压力下的（Lazarus & Folkman，1984）。这样的观点较常应用在医学界及生物界，其较偏重整体性的反应，但却不考虑压力来源及个人的认知层面。

三、"刺激与反应交互作用"取向

此取向认为压力不应只是刺激，也不该只考虑反应，较强调压力是个人与环境间一种特殊的动态关系，彼此互相影响。拉札勒斯和福克曼（1984）认为："压力是个人与环境间的特殊关系，个人评估此一关系是对他造成负荷的或超出他的资源所能应付的，而且危及个人的福祉及身心健康。"因此，个人一旦知觉到环境的要求与个人的能力无法平衡而有威胁的感受时，压力便会产生。此一取向的定义兼顾刺激与反应，并提出两者交互作用时"认知评估"的重要性，故可说是较为周延的观点。

目前大多数的学者都采用"压力是刺激与反应的交互作用"的观点，因为即使某些事件确实具有威胁性，但是个体并没有认知到此事的威胁性，那么他就不会感受到压力或者由于个体有信心可以处理此事，那么对个体也不会产生太大的压力。

第二节　压力的来源

我们每天都可能面临不同的压力，如坐公共汽车而车内挤满人时、陷在车阵中、上课快迟到了、面对考试、参加面试时、工作量过重时都让我们备感压力。当然还有一些压力事件是更为严重的，如亲人长时间生病、父母离婚、亲人过世或者失恋、失业等。丹尼尔与莫斯（Daniels & Moos，1990）将青少年常见的压力来源分为以下九类：

1. 身体 / 健康的压力源：指在服药的状况下，如贫血、胃溃疡、经常性头痛、腰酸背痛等。

2. 家庭 / 金钱的压力源：指居家环境或邻居的条件、经济压力、没有钱买必需品或自己想要的东西。

3. 父母的压力源：如亲子关系、父母的婚姻关系、父母的服药、情绪或行为问题等。

4. 手足的压力源：指与兄弟姊妹的关系或者兄弟姊妹的服药、情绪或行为问题等。

5. 其他亲友的压力源：指与其他亲戚的关系。

6. 学校压力源：如师生关系、与学校行政人员、其他学生等人际关系。

7. 朋友压力源：朋友或同侪之间的压力。

8. 男女朋友压力源：与男女朋友的关系。

9. 负向生活事件：尤其是过去一年来的压力事件，如亲友过世、父母分开或离婚、家人生病、骇人听闻的社会事件等。

此外，外在环境如高温、噪声、拥挤或者生活的变迁，如搬家、就业、结婚、失去亲人，或者不明确、未知等也是压力来源之一；毕业时对未来的未知常会引发自我怀疑，也会造成莫名的压力；另外还有担心被评价或者表现不好，所以怕考试、上台报告等。总之，让个体内在或外在感受到威胁的状况都可以是压力来源，而且在压力状况下，也常常会造成"一根羽毛压死骆驼"的情形，如在高压力下，可能车子被轻轻刮了一下就暴跳如雷或者别人看一眼就打起架来。

压力的来源除了外在生活事件的改变，也来自个人的内在因素或内在感受，因此可以将压力源归为生活变迁、挫折、内心冲突、压迫感以及自我引发的压力五类。

一、生活变迁

生活中充满了各种变化，个人成长的身心变化、换学校、搬家、换工作等外在环境的改变，与同学、朋友和家人等关系的改变或者财务、健康等的改变，都会带来一些压力。研究发现，造成人际压力指数较高的生活改变事件为配偶亡故、离婚、分居、亲人亡故、个人生病受伤、新婚、失业、退休、家中有人生病、怀孕等。除了个人生活之外，整个大环境也在急速改变之中，如经济不景气、电脑资讯日新月异等，对某些人而言，无法跟上潮流或因应时代的变迁也会成为压力之一。

二、挫折

当事情没有照我们的意思去进行的时候或者无法满足我们的需求或欲望都会让我们感受到压力，如赶时间却又塞车误点、考试考不好、参加比赛却输了、自己计划得好好的事情被父母反对、找不到喜欢的工作、被喜欢的女孩拒绝，等等。

三、内心冲突

当我们同时有两个动机却无法兼顾时，心中就有冲突产生，这些冲突又可分为双趋冲突、回避冲突及趋避冲突。

（一）双趋冲突

双趋冲突指的是同时有两个以上的追求目标，但是又只能选其一，不知如何取舍而产生的冲突，就像是鱼与熊掌不能兼得。例如，很想和同学去唱KTV，但是又想跟社团的同侪去吃大餐，两个都很想要，但是只能有一个选择或者同时遇到两个心仪的对象，不知道该如何取舍。

（二）回避冲突

在两个都不喜欢的选择中一定要做一个选择，陷入左右两难的困境，例如晚上错过了最后一班公交车，要在徒步回家和付出高昂费用坐网约车回家之间做出选择。

（三）趋避冲突

趋避冲突则是一种进退两难的困境，对于同一件事情有喜欢的部分，但同时又有令人想逃避的部分。例如，你很想主动打电话邀约喜欢的人，可是又怕被人家拒绝，因此犹豫不决；或者你很想谈恋爱，但是又担心被绑得死死的，失去自己的空间，所以不敢"轻举妄动"。

四、压迫感

压迫感又可分为时间的压迫感、空间的压迫感与关系的压迫感。例如，在一段时间内，同时要处理多件事情，同时有好几个电话要回，又有人等着和你讨论，又有一堆资料报告要阅读，这时就会产生压力；或者到了学期末才发现有一大堆报告要交，这时也会有压迫感。此外，在拥挤的空间里，如桌上堆满书本资料、房间散了一地的东西、电梯里、公共汽车上、街道上挤满的人都会让人感到压迫。还有就是在人际关系、亲子关系、团体关系中许多人对你的期待与要求等也会造成压迫感。

五、自我引发的压力

人格特质或者自己独特的信念、价值观等都会增加压力。例如，A 型人格的人强调速度、竞争、积极、急促，说话、走路、吃饭速度都很快，就是很难放松；或者完美主义者希望每件事情都要做到一百分，所以随时都有压力；或者是喜欢照顾别人的人，一天到晚帮人家做事，为别人担心，把别人的事情摆第一，凡事有求必应，结果就是牺牲自我，带来很多的压力；还有一种劳碌命型，喜欢揽很多事情在肩上，不放心把事情交代给别人，事事都要自己一手负责，结果揽了一堆压力把自己累死；还有一种则是杞人忧天型，常常担心这担心那，每天提心吊胆不能放心，心理压力也大得不得了，以上种种特质皆是让压力持续存在的原因。另外，我们的一些非理性想法，如"我应该表现得更好""我必须得到大家的喜爱""我一定要成功""如果事情没有这样就完蛋了"……或者是习惯以负面观点来看事情都会引发我们的压力。

第三节　压力的影响

压力的存在是无可避免的，然而长期处在压力下对我们会有什么影响呢？我们可以从生理、情绪、认知与行为等方面来说明。

一、对生理的影响

雪莱提出一般适应症候群的概念，将压力的生理反应分为三个阶段：

1. 警觉反应：当个体遇到压力情境时，全身各部位都会自然动员起来，进入警觉状态，以抵抗压力。

2. 抵抗期：尝试抵抗，不断调适自己，保持高度的生理激动。

3. 衰竭期：长期而持续暴露于压力下，耗尽了免疫系统与身体能量，导致最后的崩溃。

压力与身体健康息息相关，当压力减轻或消除时，身体的功能就会恢复正常，但压力太大或长期处于压力状态下，则会造成一些身心症，如高血压、偏头痛、腰酸背痛、心脏疾病、肠胃疾病如消化不良和胃溃疡、月经失调，皮肤病变如湿疹、皮肤炎等问题。此外，由于压力过大将会使免疫系统功能减弱，也使人们变得很容易生病。所以如果你发现最近容易感冒或生病，也许要问问自己最近是否压力太大了呢？如果你还出现背痛、疲劳、头痛、失眠、喘不过气、颈部紧、反胃、便秘或腹泻、体重增加或减少等症状，就要尽快找医师检查，除了生理因素的检查之外，还要注意心理因素，因为你的身体正传递重要的信息给你，提醒你可能最近压力太大，已经快超过自己所能负荷的程度，所以也许你该休息一下啦！

二、对情绪的影响

压力对心理健康带来负面的影响，经常遭遇压力事件的人有较高的比率会罹患忧郁症与其他心理症状。即使没有那么严重，平常的压力事件也可能会带来忧郁、恐惧、焦虑、不安、对未来感到无望、无助、沮丧、担心、心情烦乱或者自责愧疚等情绪，尤其多数人在高度压力下都会变得浮躁不安，容易动怒。例如，一个父亲面临失业的压力时，最容易情绪失控，当小孩不知情又在一旁嬉闹时，这个父亲可能更生气，就动手打小孩，若接二连三发生这类事情，可能就演变为家庭暴力事件。

三、对认知能力的影响

压力与低学业成就有很大的关联，压力影响学生学习的能力，包括记忆力与注意力。例如，明明背得滚瓜烂熟的教材，在考试时，明明知道答案，还很清楚在哪一页，可是内容是什么却丝毫想不起来。此外，也会造成认知缺陷，如注意力狭窄，使得个人获得的资讯减少，或是思考僵化，以及解决问题与做决定的能力降低等。

四、行为问题

处于压力状况下的青少年很容易有行为问题，旷课、逃学、偷窃等都是常见的行为问题，此外因为怀有敌意、怨恨、害怕或焦虑，常常就造成肢体冲突、口语攻击、不服从师长、说谎、离家、威胁或尝试有自伤行为等。此外，在压力状况下，也会影响人际相处能力，变得对待他人冷冷淡淡，懒得理人，也不热心助人，容易与人起冲突等。有些人则为了逃避压力，还会诉诸药物、烟酒，持久下去，严重的还会变成上瘾行为，有些人则可能压力太大而形成一些强迫性行为，如整天担心家里被偷，所以每天常常跑回家关门窗等。

虽然压力人人都有，但是压力对个人的影响却不相同，不只因人而异，也因时而异。压力的程度常常是决定于问题的严重性、持续的时间，以及自己当时的状况。例如，同样是失恋，对甲而言可能会造成生活混乱，甚至有轻生的念头；但对乙却完全没有影响，甚至觉得如释重负。其差别可能就在甲乙两人对失恋的看法上，甲认为失恋就等于完全被否定，觉得自己是没人爱的，以后可能再也找不到像女友这么了解他的人，所以伤心欲绝；而对乙来说失恋顶多是两人不适合在一起或者没有缘分，随缘就好，即使有一丝丝难过，但自己也调试得很好。此外，也可能是甲和女友已经交往5年，深厚的感情难以割舍；而乙只是与女友交往3个月，所以较容易释怀。当然就个人情况而言，也有可能是甲本身就很专情，而且对感情很放不开，加上女友是他唯一可谈心的对象，所以说分就分谈何容易；而对乙而言，他个性开朗，对事情较不强求，虽然也很专情，但相信有一方改变了或感情淡了，再强求也是枉然。此外，他还有一些朋友在他失恋时陪着他，虽暂时失去甜蜜的两人世界，不过反而又可以跟一帮人出去玩，或多出好多自由时间，即使对那份感情还是有点不舍，但也觉得不必让自己陷入痛苦中。

因此，压力对我们的影响其实是因人而异的，但是压力是否会造成负面的影响，则看我们如何因应。

危机可能也是转机，其实，压力的背后隐藏一股进步成长的动力，所谓"天将降大任于斯人也，必先苦其心志，劳其筋骨，饿其体肤，空乏其身，行拂乱其所为，所以动心忍性，增益其所不能"。所以有时生活的变故或不顺利，反而能激发我们的潜能，如果可以积极面对与调适，化压力为动力，将可借着压力的磨炼，让自己更成熟、更有智慧。

第四节　有效调适压力

压力看不见也摸不到，可是它就存在于每个人的生活中。平常我们有一种熟悉的生活旋律，每件事情都维持均衡状态而可以安然度日，可是一旦多了一些事情，外在环境有了改变或者自己的承受力或功能减低，那么原有均衡被破坏就会产生压力。

压力对人的影响程度主要取决于压力本身、个人特性、因应方式与社会资源等四方面。所谓压力本身包括压力事件的多寡、急迫性、严重性与持续性，如同时面临很多压力事件时，压力指数就会比较高，考试前一天压力也会比较大，若是迫在眉睫急着处理的事情也会带来比较大的压力。至于个人特性则包括对压力的认知判断、归因方式、自我效能的高低、个人过去的经验等，因应方式也可分为有效因应与无效因应。最后，社会资源指的是个人可获得的支援协助与情感支持等。因此，有效调适压力也可从以下几个方面着手。简而言之，就是从压力事件本身，以及从个人本身着手，包括减少不必要的压力、提高自我效能，学习有效因应方式，纾解身心紧张，改变认知方式，建立正向观点，做好时间管理，培养幽默感，还有建立社会支持网络等，协助个人建立内外在资源以顺利处理压力。

一、减少不必要的压力源

避免压力过大的方式之一就是需要懂得"量力而为"，也就是不要让自己绷得太紧，不要凡事都揽在自己身上，又不好意思拒绝别人，结果事情越做越多，难怪压力也越来越大。其实很多事情是可以有所取舍的，我们必须懂得照顾自己，学会说"不"，才有机会减少一些压力事件。因此，也要学习肯定自我，自我肯定的人可以适度表达与满足自己的需求，比较懂得调适压力，也比较清楚自己的限度，不会承担过多的压力。反之，无法自我肯定的人，由于自我价值低，常常需要别人肯定，而且比较容易受别人左右，又怕麻烦别人，因此，遭遇困难时也常是一个人承担，比较不会求助，导致压力无处纾解。

此外，外在环境的压力也是我们可以避免的，如减少噪声、尽量不到拥挤的地方、尽量做好时间管理，不让自己受限于时间压力。此外，营养不均衡也比较会让我们感受到压力，因此，保持营养均衡，限量咖啡、糖，补充维生素 B、C 等都可减少不必要的压力。

压力与做事效率并非成正比，而是成曲线状，在压力适度时效率最高，压力太小或太大效率都会变差，因为压力太小让人怠惰，压力太大令人喘不过气，所以适度的压力最好，记得随时检视自己正在承受的压力指数，减少不必要的压力源，让自己维持适度的压力，生活更满意。

二、提高自我效能

相同的情境下，因为个人所持的看法与信念不同，产生的行为结果也将不同，自我效能就是个人对自己获致成功所具有的信念，亦即对个人能力的判断，对自己的信心程度。一个高自我效能的人在面对压力时并不会对自我产生太大的威胁，相信自己能够有效因应，即使在挫折失败的情境下，也会归因于情境因素，如自己的努力不够或者策略不当，而不会归因于自己的能力不好，因此仍有信心可以面对压力。

高自我效能的人倾向于相信自己拥有资源可以应付所需，当遇到有压力的事件时，会将其视为"挑战"，而不是"威胁"；相对地，低自我效能的人可能会视为威胁而惊慌失措。所以自我效能也会左右我们努力、毅力及挫折忍受力的程度，对自己能力有信心者，面临压力时，不会被压力打倒，能坚定自己的能力去克服之；反之，对自己能力没信心者，很容易因为一些负面的经验而影响自己对压力的因应，有时候"相信什么"胜于"会什么"，信念就是一股力量，所以要解开压力所带来的枷锁，就是要相信自己能够妥善因应，因此，有必要建立个人信心，提升自我效能。

从苏汇琚（1997）的研究结果也能发现，压力因应历程中的认知评估及因应策略，皆受到个人自我效能高低的影响，可见自我效能在个人压力因应历程中扮演着非常重要的角色。从苏汇琚（1997）的研究结果中具体得知，当学生越觉得自己不好，越不能自我肯定时，越倾向认为压力是一种伤害或威胁，越觉得自己无法摆脱压力情境。另外，从研究中也得知，认为压力是一种伤害的学生较易使用逃避的因应策略，较缺乏直接面对压力解决问题的勇气。因此，在考量如何提升学生压力因应能力及压力管理能力时，可从自我效能着手，借由提升学生的自我效能而增加其压力因应能力。

自我效能的形成跟自己的经验、所接受的教育或观察学习等都有关联。由于在竞争比较的文化下生长，我们比较容易看见自己的短处、缺点，而忽略自己仍有许多长处、优点，倾向以一件事或一项行为来评定自己的好坏，然而没有一个人是全好或全坏，一个行为或缺点并不代表整个人的价值，所以我们应该学习欣赏自己，接纳自己不能改变的部分。此外，多增加自己的正向经验，也可建立自己的信心，随时自我肯定、自我激励，也可提高自我效能，如果能对事情抱持乐观态度，也会更愿意努力。

三、学习有效因应方式

对于压力的因应策略可分为（李坤崇、欧慧敏，1996）：

1. 解决问题：在面对生活压力时，直接采取行动以解决问题，包括评估压力情境、找出不同的行动方案，并且采取行动。

2. 暂时搁置：接纳压力，但暂时搁置不管，稍作调整以增强解决问题的能力。

3. 改变：从正向角度重估自己的认知与情绪状态，借由自我增强和调整认知、情绪状态以解决问题。

4. 寻求支持：个人会寻求他人支持，借由他人以增强解决问题的能力。

5. 逃避：逃避问题、责怪他人或听天由命等方式来逃避。例如，去做些无关紧要的事就是逃避该做的事情，或者找一些理由回绝人际活动避开该见的人，明明有很多事情要处理，可是还是天天看电视，躲在家里，啥事也不做，或者家庭失和，为了避开压力一天到晚往外跑或者更努力加班等。

前四种策略都是属于有效的因应策略，可以带来正向结果。逃避的方式虽然可以暂时躲开压力的威胁，不过压力仍在，迟早还是得面对。

此外，我们面对压力时的反应可以简单分为问题解决取向与情绪焦点取向。问题解决取向是将重点放在问题本身，先评估压力情境并采取适当措施来改变或避开压力，以有效而建设性的行为直接解决威胁的压力情境。而情绪焦点取向则是控制个人在压力下的情绪，不直接处理产生压力的情境，而先改变自己的感觉、想法，专注在减少压力对情绪的冲击，主要在使人觉得舒服一些，但压力源并没有改变。总之，一是问题取向，重在改变压力本身；二是情绪取向，重在调节情绪。至于何者对个人最有效，则须评估整体情形。如果一个人处在激动情绪状态下，那么根本也没有办法思考解决之道，所以可能需要先采取情绪焦点因应方式，先缓和情绪再说；然而如果一味地固着在情绪调整方面，那么问题也有可能更加恶化或者非但没有真正面对问题，反而陷在情绪中加深自己的痛苦。因此，我们必须辨认出自己习惯的反应或因应策略，学习有效的因应策略，让我们可以更有弹性地针对问题，使用有效的因应方式，而真正地减弱压力。

四、学习放松技巧，纾解身心紧张

你现在有没有压力呢？"还好""不知道""有吧"、"压力好大喔"，如果你不是很清楚自己的状况，也许你可以来做个实验：现在当你看到"暂停"这个词时让你自己定在那边，不要移动你的身体，像个雕像一样停在那边，好，现在你注意一下你身体的感觉与姿势。

你可以放松你的肩膀吗？

你可以放松你的前额吗？

你可以放松你脸部的表情吗？

还有哪一部位你觉得可以再放松的，大腿、小腿、臀部、腹部、背部……好了，你现在是不是让自己的身体调整到一个最舒适的位置，是的，刚刚我们的肌肉都是过度支撑紧绷着。日常生活中，我们不知不觉就将我们的肌肉绷紧，让自己身体处在一种压力状态下而不自觉，结果产生许多无谓的压力。常让自己处在一种紧张的状态下，心情也会跟着紧张，所以容易疲劳或头痛、腰酸背痛等，因此，学习放松一下自己的身体，将可纾解身心的紧张。以后你随时都可以注意一下你整个身体是不是非常紧张？肩膀不自觉地就往上耸呢？忘了告诉自己"轻松一下"。

日常生活中如何自我感觉是否处在压力的状况呢？早期的压力警讯是颈部和肩膀的拉紧，或是双手紧握成拳，这时就应该放松身体，其中以运动最为有效，它能消除累积起来多余的体力和紧张，同时又能强壮体魄，可说是一举两得的事。当压力来时，我们可以利用放松训练、伸展运动、深呼吸等来缓解，因为身体的放松可以减低焦虑，避免过度紧张带来的困扰，也让我们有较多的能量去面对问题。除了松弛法外，以下再提供几种放松的方式。

（一）超觉静坐法

在吃饭前做，每次 10 ~ 20 分钟。

1. 找一个宁静的不会令人分心的地方。

2. 舒适地坐直，双手自然垂放在大腿两侧。

3. 轻轻闭上眼睛，放松肌肉平静下来，可做几次深呼吸让整个人静下来。

4. 慢慢调整为正常呼吸，缓慢而自然，集中精神默念一个字或词（如一、爱、宁静），吐气时重复所选的字或词。

（二）渐进式放松

选一个舒服的地方坐下，两手自然垂放在大腿两侧，闭上双眼，一手紧握成拳头状，手腕及手臂用力，感受到手的紧张度，持续约 5 秒钟，然后放松，接下来再练习肩膀、额头、眼睛、嘴巴等地方。

（三）伸展运动

温和地转动头部、颈部，或伸懒腰、动动肩膀等都可以。

（四）深呼吸减压

平躺，一只手放在肚脐，另一只放在胸部，用鼻子慢慢地吸气，试着把肚子凸出，并停止 1 秒钟，接着再从鼻子慢慢地呼气，让呼气时间长于吸气时间，反复做到压力减缓为止。

五、改变认知方式，选择正向观点

事情搞砸时，我们常常去批评而不是支持，只注意坏的一面，而看不到好的一面，而且我们很容易将一件事情的成败当作个人的价值，所以面临失败时就全然否定自己。例如，很努力准备期中考，结果成绩单下来时发现并不理想，结果就自责自己实在太笨了，觉得自己比人家差或者觉得自己很不好，所以除了让自己心里沮丧难过外，每次面对考试时就倍感压力，因为把每次考试都当作是自我价值的考验，难怪压力会那么大。

学习从不同角度看事情，有助于减缓压力。比如说，在塞车很严重、车子无法动弹时，你可以让自己处于压力下，不停看表、按喇叭、破口大骂或者努力钻空隙、超车拿自己生命开玩笑；然而你也可以换个角度想，让自己轻松聆听音乐或者规划一下周末计划或者练习明天的口头报告等，接受现实，如此压力就轻松解除了。

我们怎么想就会怎么感觉，然后就会怎么做，影响我们的常常不是事件本身，而是我们对事件的看法，所以我们也要学习改变内在的自我对话。

同样一件事情，若能从正面、乐观的方向来思考，就会使自己充满喜悦与希望。也许可以检视一下你自己，是不是常常有一些不合理的想法或者常常抱持悲观的态度呢？你是不是常常告诉自己"糟透了""完蛋了""我是不好的""我每件事都做不好"呢？有时，让我们心情不好的，不是别人，也不是不顺利的环境，而是我们自己，有时候是我们内在负面的自我对话让我们陷入愁云惨雾中，所以培养积极乐观的想法可以让我们经常拥有灿烂的阳光呢！

六、做好有效的时间管理

有些人总是觉得时间不够用，常穷于应付他人的要求，而没有多余的时间从事自己喜欢的活动、私人交际或是享受充分的休息；而有些人则是虚度光阴，导致该完成的事情没法如期完成，也增加了一些原本可以避免的压力。究其原因，可能就是缺乏有效的时间管理。每个人同样都是一天24小时，但是有些人就是没时间或时间不够用；有人则是忙归忙，但还是有充裕的时间喝杯咖啡、听听音乐、与朋友聚聚餐，常可忙里偷闲，同时也能高效率地完成很多事情。为何会有如此大的差别呢？关键就在于是否善用时间。

首先想想看你一天通常是怎么度过的？先将你一天一小时所做之事详细列出成为一张"生活记录"，回顾一下从起床到睡觉做了哪些事情？所从事的每件事情花了多少时间？例如，也许你花了6个小时上课、3个小时与朋友聊天、4个小时上网、两个小时看电视、1个小时打电话，再扣掉吃饭、睡觉、洗澡……似乎也没有时间可以看书了，从这张生活记录中将可以清楚看出自己的事情与时间运用情形，当我们清楚自己的时间的使用情形，才能进一步做好时间管理。接下来，也许要再评估一下这样的分配与使用恰当吗？仔细回顾一下自己的生活，也许你会发现常常花太多时间在一些琐事上，结果正事就来不及完成或者花太多时间做白日梦、闲逛，或杞人忧天等；或者你每天都在计划有效率的一天，结果计划归计划，到头来还是没有办法确实执行？这是你要的理想生活吗？如果不是，那么就要做些改变与调整啰。

你清楚自己的生活目标吗？生活目标是实际生活的指南，所以你得先将自己的目标弄清，而定目标的原则是：完整、具体、合理、可行，先明确自己的期待与需要，弄清自己主要目标，再拟出长期计划与短期计划，订出适当的完成期限，如此生活将变得充实有序。

确定自己的计划之后，将要完成的事情排定先后顺序，把重心摆在最重要的、需要优先处理的事情上，然后拟定确实的行程，再将一些无关紧要的小事排在时间空当中，让时间充分被利用。此外，也要预留一些弹性时间可因应一些突发状况。

另外还有一些要点需要提醒：

1.善用琐碎时间也是有效时间管理的妙方，如等车时看看一些小品文或是背背英文单词等。

2. 时间是有限的，所以在有限的时间内不要设过多目标，不要让自己"盲与忙"。

3. 时间安排也可以有弹性，但最主要的是"这样的生活我喜欢吗"？如果不满意就要马上调整，一个小改变可以带来大改变，当你的生活越来越充实时，也别忘了鼓励肯定一下自己。

4. 即使你不习惯详细列出要做什么事情，但是在一天开始之前先想想今天需要完成的事情，分配一下所需时间、稍微排一下时间顺序，除了不会浪费时间外，也将可以让时间更流畅地被运用。

七、培养幽默感

幽默感可以化解压力，增进身心健康。有研究指出，"笑"对于身体的影响和运动相似，它不但能增加氧气的交换率、肌肉活动及心跳，还能适度地刺激心脏血管和交感神经系统，释放神经传递介质"儿茶酚胺"（catecholamines），刺激人体天然止痛剂安多芬（endorphin），提升人体对痛觉的阈限，增进免疫系统的功能，使处于压力下的个体，其免疫系统功能不至于降低。因此，幽默和笑能使人避免心脏疾病、脑血管病变、忧郁症以及其他压力所引起的疾病。而在心理健康方面，幽默的创造或对幽默的欣赏，能释放人们内心的攻击冲动与焦虑情绪，维持心理上自我感的平衡，减弱忧郁症状，调节负面生活压力对于焦虑、忧郁等心情的影响（何茉如，1998），所以我们若能拥有幽默感，不但能缓和紧张、纾解压力，更能活得长久、活得健康。

八、建立社会支持网络

青少年面临挑战或者生活中的压力事件（如上大学、结束关系、考试）的态度，可由内在与外在资源决定（Kenny & Rice，1995）。内在资源包括个人的因应技巧或自我效能等，外在资源包括人际支持与引导，如依附关系、社会支持等。内、外在资源可以缓冲压力与威胁，适应困难常是因外在资源或内在资源的不足所致，所以强化内在资源（因应技巧、问题解决技巧）与外在资源（关系增强策略、社会技巧训练）有其必要。此外，建立同侪依附关系，提供社会支持与鼓励亦是调适压力的重点之一。社会支持是个人可用的环境资源，许多的研究皆证实社会支持可帮助个人抵抗压力（Bailey, Wolfe & Wolfe, 1994；Cohen & Wills, 1985；Liang & Bogat, 1994；McFarlane, Bellissimo & Norman, 1995），我们可以将社会支持分为以下几种（苏汇瑭，

1997）：

1. 情绪支持：在压力期间向他人寻求安慰、安全感的能力，使得个人觉得自己是被他人照顾的。

2. 社会整合或网络支持：个人觉得自己是属于团体中的一分子，团体中的成员有共同兴趣，故使得个人得以参加各种不同形式的社交或休闲活动。

3. 尊重支持：借由他人的援助，使个人产生有能力或自我尊重的感觉。

4. 实质帮助：具体或工具协助，给予压力情境中的个人以必须的资源。

5. 资讯（信息）支持：给予个人有关可能解决问题方案的建议或指导。

另外，邱琼慧（1988）则将社会支持区分如下：

1. 支持来源：分为父母支持、兄姊支持、同侪支持和师长支持。

2. 支持方式：分为（1）情绪支持：对被支持者给予或表示爱、关怀、同情、了解和团体归属感；（2）信息支持：与被支持者沟通意见，或当被支持者面对困难情境时给予忠告、个人的回馈，以及改善环境的信息；（3）陪伴：与被支持者共度时光或分担工作，尤其是当被支持者遭遇困难情境时，能使被支持者不感到孤单。

不同压力情境需要不同支持来源，社会支持的内容符合个体的需要才有助益，如生病时可能需要情绪支持与信息支持。至于如何建立社会支持呢？开放自己，自我袒露，才可建立亲密关系，否则常常都是泛泛之交，真的遇到事情时，才发现竟然没有人可以诉苦，就真的是"相交满天下，知心有几人"了。朋友关系本来就是互相的，不妨把握机会让他们知道你对他们的关怀，如此，当自己需要别人关心时，自然有朋友愿意帮忙。无论对男生或女生而言，都需要有同侪的支持，而且有安全信任的同侪关系将可让个人有正向的自我与他人看法，对自己更为接纳、赞许与自信等，这些都是发展与适应良好的前提。

我们可以从三种取向来看压力：（1）视压力为外在的刺激变项；（2）视压力为有机体体内的反应状态；（3）视压力为刺激与反应的交互作用结果。压力的来源可能由外也可能由内所致，简单地可区分为生活变迁、挫折、内心冲突、压迫感与自我引发的压力等。压力对我们的生理健康、情绪状态、认知能力与行为表现都有影响，当我们长期处于压力之下，可能会衍生出各类身心症、忧郁症或其他心理症状。然而压力也有其正向的力量，良性的压力将可以激发我们的潜能，让我们有更好的表现，因此，如何有效调适压力、减少压力带来的负向结果就更显重要。我们可以从以下几点着手：减少不必要的压力源、提高自我效能、学习有效的因应方式、学习身心放松技巧、改变认知方式、建立正向思考的习惯、做好有效的时间管理、培养幽默感、建立社会支持网络等，若能同时从内在与外在增加我们面对压力的资源，将可以让我们化压力为动力，追求个人的成长。

第八章　青少年情绪与人际沟通

　　我们也许可以想想看在生活中是否也曾经因为他人的一些言行或者某些事情而让我们心情不好，进而阻碍彼此之间的互动呢？是否有过因为向对方表达自己内心的感受而增进彼此关系的美好经验呢？是的，掩藏情绪让我们与他人不能自在相处，有时甚至还得伪装一下，不要让别人知道我们真正的感觉。然而唯有真诚的情绪表达可以拉近我们与他人的距离，让别人可以更了解我们，也借此让我们更了解别人，不需要扛着情绪的重担而能够更真诚地与他人相处。其实情绪表达是增进人际沟通的重要技巧之一，因此，本章将说明情绪表达在人际沟通方面所具有的功能，并且将进一步探讨在人际沟通时如何有效表达自己的情绪、面对他人的情绪，最后，将探讨如何有效解决人际冲突。

第一节　情绪表达在人际沟通中的功能

　　情绪表达具有四项正向功能（黄惠惠，1996），分述如下：

一、别人可以更了解你

　　表达我们对自己、他人与环境的感受，别人才有机会了解我们。有时候我们会想——对方应该了解我的心情才对，但事实上，没有人会读心术，没有一个人可以真的懂得我们主观的感受，除非我们表露我们的感受，别人才有机会更了解我们。

二、你可以更了解别人

　　同样地，我们也可以从别人的情绪表达中了解他的心情，情绪的分享是基于互惠的立场，彼此分享感受将可增进了解。

三、情绪得到纾解并且变得更真诚

没有说出的内心感受常常成为我们心中的负担，无论是高兴、伤心或难过，当我们有机会将那些感受说出来的时候，其实就是一种纾解，也让我们不需要掩藏情绪而能真诚地与他人互动。

四、让彼此的关系更牢固

与他人相处时，若要从表面关系进展到更深入的关系，重要的因素之一就在于彼此表露真诚感受的程度。分享真实感受可以拉近彼此的距离，并让彼此感到亲近，彼此关系将更为牢固。想一想若你与他人的对话常常仅是叙述事实，而没有任何情绪感受的分享，别人会跟你深交吗？于是你与他人的关系可能就只限于信息的交换，而少了一份交心的感觉。

即使情绪表达对人际相处有以上几种正向功能，为什么有些人还是吝于表达自己的感受呢？唐那森（Donaldson，1997）认为无法向他人表达情绪的人通常抱持着一些成见：

1. 无法直接向对方表露感受，因为认为这样的表露会让自己难堪。
2. 认为只要不说出自己的感觉就可与对方维持和谐关系。
3. 相信只要自己不要多想、多说，任何不愉快都会随时间消逝。
4. 相信别人"应该"知道自己的感受，不需要自己告诉他们。

然而事实上是：当我们谈论我们的感受时，其实就是在建立关系中的界限（boundaries），这样的界限可以帮助我们与他人建立尊重的关系，因为当我们表达感受时，别人才能了解我们的立场、观点与原则。此外，压抑的情绪并不会随时间消逝，而是在心中慢慢酝酿，有一天爆发出来反而更伤害彼此的关系，甚至殃及无辜，导致更负面的结果。因此，在我们与他人的沟通相处中，如何有效地表达情绪成为颇重要的课题。

第二节　有效表达情绪的原则

在某些情境我们会有一些情绪，但是常常我们搞不清自己的感觉或者不当反应，而让双方都不好过，情绪表达时常犯的错误有几种：

弄不清楚自己的直觉，所以乱发脾气。

不敢直接表达情绪，所以冷漠相对，一言不发。

一味指责对方："你老是惹我生气""你怎么可以…害我……"

防卫回应："你也不先自我反省到底哪里不对。"

夸大过错："你每次都这样，一点都不关心我，完全不在乎我。"

拒人于千里之外："没事，你不会了解我的心情的。"

讨好：表面说"对，都是我不对，没事穷操心，太爱胡思乱想了。"其实心里很生气，借着说自己不对来让对方难受，或隐藏自己真正的感受。

错误的情绪表达方式，常常会让彼此关系更为紧张，彼此的互动将充满防御性，结果不是无意中伤害对方，就是让自己再次受伤，让彼此的关系破裂。如何有效地表达心中的感受呢？有下述五点原则可遵循。

一、先觉察自己真正的感受

只有当我们清楚自己现在的感觉时，才能掌握我们的情绪，做自己情绪的主人。我们可以看到一些社会新闻事件，常常就是因为双方争执，结果一时情绪失控而伤害他人或置人于死地。情绪失控主要就是因为当时我们不清楚自己有什么感觉，任由心中的情绪发泄，结果导致过度反应。所以，如果我们在任何情境都能保持清醒，问自己"我现在有什么感觉？"去察觉自己的真正感受，将可避免让关系更恶化。一件事情发生可能会引发我们很多的情绪，因此，要先厘清自己对这件事情的感觉如何？到底是担心、害怕、生气或者是厌恶或难过呢？只有当我们了解自己的感受，我们才有能力让对方了解。面对复杂的情绪时，很重要的是我们需要厘清核心原始的情绪为何，如我们可能因为讲话时，别人没有专心听而感到生气，然而也许核心的感受是不受重视、被忽略的感觉，如果只是单单表达生气并不能真正纾解我们的情绪，唯有接触到原始的情绪才能真正解开心结。

二、选择适当的时机表达

掌握良好的时机表达是很重要的，如果当时对方有心事或者因其他事情忙碌着，恐怕无法静下心来聆听你的感受，当然沟通无效了。其次，最好要让对方有心理准备，不要一开头就一股脑儿倾诉一堆，那样会让对方难以招架的，所以可以先告诉对方：

"我心里有些话想跟你谈谈，好吗？"

"我刚有一些不好的感觉，你可以听我说一说吗？"

"刚才其实我蛮生气的，我想跟你聊聊，你现在有心情听吗？"

"有些事一直困扰我，想跟你谈一谈，可以吗？"

此外，当分享你的感觉时，许多人会想要帮你"觉得好过一些"，或是急着给你一些建议或忠告。如果你纯粹只是想表达感受，那么你可以事先告诉对方，你只是想要与他分享你的感受，让他知道你的心情，不期待有任何的建议或者安慰。有时我们必须直接告诉对方我们的需求，要对方倾听感觉，因为大多数的人面对情绪时，常会不知所措，而常有一些无效的回应。当然适当的对象也是重要的，如有一个陌生人不小心碰撞到你，却没跟你说抱歉，你觉得很生气，也许你就不需要浪费时间向他表达你的感受，因为他只是个陌生人。

三、清楚具体地表达

有些人会抱持着一些不合理的期待，如"我说了我的感受，你应该能感同身受吧""我以前已经讲过了，现在你应该知道，不要每次都要我讲""你应该了解我的心情，你不了解表示你一点都不关心我"，这些不合理的想法，常常会导致关系恶劣。其实，由于成长的背景与家庭的规则，让大多数的人都不知如何去面对情绪或者害怕去谈感受，误以为表达负向情绪就是在"指责"，于是不知不觉就会逃避情绪或是忙着解决"问题"。每个人都需要学习面对情绪，要让对方了解你的唯一方式就是直接告诉他你的感觉，让他有机会接触你的内心，同时也告诉他你的需要或期待。

表达情感的有效方式是以平静、非批判的方式叙述情感的本质，描述而不是直接发泄（act out）。举例来说，有人生气时，会直接大骂对方或者是直接以拳头相向，结果两败俱伤，但比较有效的方式是告诉对方他的什么行为让你感到生气。例如，当你很认真在看书时，弟弟在旁边跑来跑去干扰你念书，你可能大声斥骂"不要吵""吵死了"，然后气得半死；当然你也可以平静和缓地跟弟弟说："我现在需要安静地看书，你在旁边跑来跑去干扰我念书，我真的很烦，可不可以请你出去呢？"

情绪的言语表达要清楚、具体才能让对方了解我们的状况。也许我们可以正确地说出高兴、伤心、难过、失望、害怕等情绪字眼，然而有时我们也可以用不同的方式来说明自己的感受。例如，"我心情沉重，如负重担""我觉得好像被绳子重重绑住，无法伸展""我心中似乎燃烧着一股怒火""我好想大哭一场""我真想大声欢呼"等，都可以描述自己内心的感受。表达情绪要注意的是要能清楚说明，如果单单告诉别人我很生气，他人可能一头雾水，不知道你为了什么事情生气，毕竟个人的主观感受不同。因此，在表达情绪时要清清楚楚告诉对方理由，将特定的情境说清楚。

四、"我信息"的使用

有些人知道要直接表达情绪，于是开始将内心的任何感受一倾而出，"你这样做让我很生气""你没有等我一起吃饭让我很难过""你老是食言让我很失望""你好伤我的心"……结果情绪表达变成责骂，将自己感觉的责任归咎于对方，反而更增关系冲突。当情绪表达的方式以"你信息"为主，就可发现宛如伸出食指——数落对方的不是，反而无法有效沟通。要记住——我们的感觉是我们的选择，我们需要为我们的感觉负责，因此，正确的情绪表达是需要以"我信息"（I message）为主。我信息的表达是一种分享感觉的表达方式，而不是攻击、责备、批评或抱怨。在了解何谓"我信息"之前，你可以先看看下面的实例：

小芳在厨房忙着，待会客人就到来了，晚餐还没准备好，家里也还没有整理干净，她忙得一塌糊涂，忙前忙后准备着。这时丈夫下班回家刚坐下休息一会儿，小芳看到丈夫优哉地坐着，此时，小芳可以有两种不同的说法：（1）"你为什么不帮我，我都快忙死了，你要让我累死呀"；或者是（2）"客人待会就要来了，我还有好多事要忙，我担心事情会做不完，你可不可以帮帮我呢？"

想想看，哪种说法比较好呢？第一种说法是属于"你信息"，小芳因为忙碌、焦急又担心，所以看到老公时的反应就是指责，其实她真正要表达的应该是希望老公可以帮忙。第二种"我信息"的说法除了直接表达小芳目前的感受，也邀请老公的协助。也许两种说法都可以让老公来帮忙，但是第一种情境可能会让老公做得心不甘情不愿，而第二种情境下，老公应该是很乐意为老婆分担辛苦的。

不知你是否看出两者的差异？其实"我信息"的表达可以简单地以下列的公式来说明：

1.当……时候（陈述引发你情绪的具体事情或言行），如"当你告诉我你不能和我一起去看电影的时候"。

2.我觉得……（陈述你的感受），如"我觉得蛮失望的"。

3.因为……（陈述引发你情绪的理由），如"因为我好期待可以有多一点时间和你相处"。

这只是简单的公式而已，你可以用自己的说话方式加以改变，如"你不能和我去看电影，我觉得好失望，因为我好期待可以多一些和你相处的机会""我好希望能和你一起去看电影，现在却不能去，我真的蛮失望的""我觉得好失望，我好期待能和你多一些机会在一起的"。

此外，表达情绪的目的是为分享而不是改变。在表达情绪时若是抱持着改变对方，或是借此控制对方，要对方合作，或是为了报复，让对方也跟着你难过或者对你感到抱歉愧疚，那么你可能会大失所望。我们无法改变或控制对方，我们只能学习照顾自己，尤其是照顾我们内心的感受，表达情绪是为了让内心的感受找到出口，为了让对方可以多了解我们。如果我们表达情绪的目的只是为了分享，通常会得到正向的回应；相反地，如果你是为了要责备对方，要对方认错，那可能只是引发另一场冲突。所以要记住，使用"我信息"单纯地去表达我们的感觉就够了。

五、表达正面情绪，也可以增进良好关系

情绪可以简分为正向的与负向的感觉，在与人相处的过程中常常我们也会有一些美好的感觉，而这种正向的情绪也需要告诉对方，彼此之间有回馈，关系才会更亲密。当然，这样的回馈与表达必须是出自于内心的感受。比如：

"我好喜欢跟你在一起，跟你在一起让我感觉无拘无束。"

"谢谢你帮我，让我减轻很多负担。"

"和你在一起，让我觉得好兴奋哦。"

"我真的好期待我们的约会。"

"看到你……我真的好高兴。"

"我好喜欢你笑的样子，让我觉得心情也跟着愉快。"

真诚的赞美可以拉近彼此的关系。要注意的是赞美并不是谄媚，赞美与谄媚不同的地方在于你的出发点。赞美是出自内心且根据事实，因为对方的言行让你有好的感觉，所以你想要跟对方分享。相反地，谄媚是为了要讨对方欢心，希望别人喜欢你，所以谄媚是有目的的，而且所说不一定是事实，一味地谄媚反而只是让人与你维持表面关系或者觉得你"矫揉造作"而不愿与你相处。

第三节　如何面对他人的情绪

对大多数的人而言，要倾听他人的感觉、面对他人的情绪而不感到威胁是有点困

难的。在我们所受的教育中并未教导我们如何去处理自己与他人的情绪，甚至在我们的经验中可能会觉得表露情绪是恐怖的。因此当别人与我们分享情绪时，我们可能会感到威胁或者不知所措，尤其是面对负向情绪时，我们也常急着找出解决方式或者干脆与此情绪保持距离，因此常常有以下几种回应方式：

你通常是怎么回应的呢？通常以上这些回应都会阻碍别人继续表达情绪。也许对你来说不该有太多情绪，也许你小时候就学会"哭有什么用""难过对事情毫无帮助""不能情绪低落，要快乐，别人才喜欢"，于是当你面对他人情绪时，习惯性地就会加以批评论断或者你会急着扮演解决问题的专家，急着告诉他可以怎样怎样做，提供一大堆的建议或忠告。无论是哪一种方式，你有没有发现你并未真正接触对方的情绪？似乎你也不容许对方有太多情绪，所以你急着要帮助他从低潮中解脱出来？然而这样的回应常常是无效的。你可以回想一下你自己的经验，当你心情不好时，别人给你一堆忠告或者建议，你是否听得进去呢？甚至有时候会因此更生气或难过，觉得对方一点都不了解你或关心你，不是吗？其实当一个人在情绪中的时候，很难听进去任何的建议或安慰，所以我们能做的是去接纳他的感受、陪伴他就足够了。

小强的摩托车不见了，他心情非常的沮丧，跟妈妈讲，妈妈急着问事情的始末，然后又是责怪了一下小强，"怎么这么不小心"。结果小强心情更加恶劣，丢掉摩托车又挨一顿骂。跟老师报告，老师只问他有没有去报警，"有报警就好了，只好等待了"。跟 A 同学说，A 同学只告诉他"没关系，丢都丢了，旧的不去新的不来，开心点嘛"，听完后，小强还是开心不起来。跟 B 同学说，他倒是蛮愤慨地说"那个小偷真是过分，连我们这些穷学生也偷，太过分了，在光天化日之下还敢偷，现在社会治安实在是太坏了，我们应该订立更严格的法律……"结果小强还得耐着性子听完同学大发牢骚，让小强更加无奈。遇到 C 同学，C 同学看他不对劲；也问了他怎么了，C 同学的反应是"哎呀，你一定很难过你宝贝的车子丢了""是呀，这车子我好不容易存钱买的，虽然是老式车，可是还是很好骑呢…"小强诉说心里的不快、难过、生气与委屈，C 同学就在一旁耐心地倾听着，小强说完觉得心情也好多了，总算找到一个人可以听他好好发泄一下了。

面对他人情绪，有几个方式是比较有效的，分述如下：

一、积极倾听

我们可以听他人说话，但未必每个人都是好的倾听者。"听"（hearing）与"倾听"

（listening）是不同的，"听"是指我们感官上接收到外在的声音，"倾听"则包括感官与心理过程，不仅听到别人所讲，也听到别人所欲表达的含义，所以倾听是一个较为复杂的过程。倾听可包括生理专注与心理专注两个部分，生理专注指的是身体适度倾向说话者，与对方保持眼神接触，保持轻松、自然、开放的姿势与表情。除此之外，点头、蹙眉、微笑等肢体动作若运用得当，也可以让对方感受到被接纳与尊重，这样的专注行为其实就可以鼓励对方分享，若是适当地加上口头上的简单回应如"嗯哼""是的"等，也可以表达你的专注，让对方知道你正在倾听。心理专注就是积极倾听，能积极倾听的人除了听到对方口语表达的内容外，也观察到对方非口语的行为所蕴含的意义，注意到他的肢体动作、声调的抑扬顿挫、语气、脸部表情等。

我们和他人沟通时，传递的信息包括语言与非语言两个部分。波顿（Bolton，1986）认为，语言信息比较能传达事实与思考性的资讯，而非语言信息则比较能表达情绪与感受。情绪表达不一定要通过言语，除了说话之外，我们也常常借着身体动作、脸部表情传递着我们的感受，所以当你不快乐时，即使不开口，别人就可从你的眉头深锁或是毫无笑容、肌肉僵硬、垂头丧气等身体语言得知。一个人的情绪常常在不经意的肢体动作或面部表情中流露出来，如眉飞色舞、愁眉苦脸、横眉竖眼；此外，我们高兴时会拍手鼓掌、生气时会顿足、沮丧时垂头丧气等，非语言信息所传达的情绪其实是很丰富的。根据发展心理学家实地观察发现，我们在婴儿阶段即可借由脸部表达不同情绪，出生后4个月的婴儿即可经由脸部的肌肉活动表现出快乐、厌恶、愤怒、痛苦、惊奇等不同情绪，6个月左右又发展出恐惧的情绪（张春兴，1995）。

非语言与语言信息之间有何关系呢？卡文纳（Cavanagh，1990）认为，非语言信息可能与语言信息所表达的内容一致，也可能夸大、削弱、否认语言信息或者所说的与真正的感受根本无关。一致性的（congruent）非语言信息表示说话者的非语言与语言透露出来的信息是一样的，如有人跟你说"我好高兴认识你"，然后你也可以看到他真诚的笑容、喜悦的眼神。夸大的（amplified）非语言信息，可能对方只是轻描淡写地说"我觉得心情不太好"，而他的声调似乎是刻意地冷淡、眼睛不敢直视、脸上黯淡无光、嘴唇干燥、双手紧握、低头瞪着地板，那么你可能要怀疑他也许不是心情不好，而是已经心情坏透了。削弱的（diluted）非语言信息，可能对方跟你说"一切都在改善中"，然后你看到他僵硬的笑容、僵硬的肢体动作，你可能要问问看是不是遭遇其他困难。

有时候非语言信息也会否定语言信息，如有人说"我一点都不在乎"，然后看到他眼睛泛着泪光，你会相信他不在乎吗，还是只是伪装的坚强？最后，非语言信息可能还会透露出与语言信息毫无关联的感受，如当一个人跟你说着昨天的电视节目内容或一些生活琐事，但是你也许看到他肢体的不自在或是眼神的落寞或者抱胸紧握的双手，你是否会注意到他似乎有心事，而直接去关心他的心情呢？所以倾听对方所传递的语言与非语言信息，将可以帮助我们更了解对方。

此外，积极倾听也包括将所听到的、所观察到的内容给予适当而简短地回应，如"你说……""你认为……""我看到你……"等，让对方知道你在听，而且了解他所讲的。换句话说，倾听除了听出对方语言与非语言信息之外，还要把自己当成一面镜子，将别人说的话及讲话背后的情绪都加以反映回去。梅莱姆（Merriam，1972）认为反映至少包括四个层次：

1. 反映内容：听者使用不同词汇表达出对方的意思。

2. 反映感觉：听者清楚地反映出对方所表达出的感觉，或明显未讲出的感觉。

3. 反映行为含义：听者综合语言及非语言之线索，而反映出讲话者好像要表达的感觉以及可能的行为暗示。

4. 反映内容含义及感觉：听者反映对方未表达出来的或不明显的感觉，并描述行为的后果。

由于大多数人在与人交谈时，常常会急着表明自己的看法，所以也许听到对方所讲的，但是却并未真正积极倾听。例如，男女朋友间常听到的对话，A 女："你从来都不关心我。"B 男："我哪里不关心你了，我每天不是都打电话给你吗？"C 女："你都不理我。"D 男："我哪里又不理你了，我现在不是在你身旁陪你吗？"这样的对话就是没有用到倾听反映的功夫，而容易导致彼此的冲突。所谓的倾听反映，就是很认真地听对方要表达的意思，但对于对方所表达的并不需要表示赞同或不赞同，只需要正确反映出对方所传达的信息，不加不减地陈述其所表达的感受就可，但不是一字不漏地重复。所以 B 男可以不急着辩解，只需要说"听起来你似乎觉得我不够关心你""好像你希望我更关心你一点"。倾听的时候，需要暂时将自己的意见与反应收回去，先试着从对方的角度去思考，并以他的角度去感受情绪，这样会让对方觉得被重视，也比较容易倾吐他的苦恼，也才有机会真正澄清问题所在。反之，如果马上将自己的价值判断说出来或表示自己不同的意见，往往会让对方有不受尊重、被否定的感觉而不想再多说，或者因此就吵了起来。所以倾听反映主要的功用就在于先接住（hold）对方的情绪，让对方感受到被尊重，然后就可以更清楚表达自己真正的意思或者需求。

有效地应用积极倾听可以创造一种安全、非评价性的环境，使对方减少紧张和焦虑，让他可以开放地表达他的思想和感觉，可以使对方觉得被了解、被尊重，并使他们更清楚了解自己的感受与想法。所以，在与他人沟通时，若对方有一些情绪，记得要先倾听反映，才能缓和对方的情绪，也才能真正面对问题，如此双方才有机会有效沟通。

二、同理心

一个人的话语不一定能反映出其真正的情绪，情商的高低也取决于一个人的情绪敏感度，光是了解自己情绪反应是不够的，我们还必须能够读出他人真正的情绪，利用同理心来接纳并纾解对方的情绪反应。

同理心简单地说就是"感同身受""将心比心"，也就是站在对方的立场体会其感受，了解对方内心的感受想法，并且反映给对方知道。我们的同理能让对方感受到被了解，我们的同理也帮助对方强化自己的感受，并且让对方有机会多谈谈心里的感受。在同一对方感受时最重要的是能从对方角度为他着想，尝试去了解他真正经验的感受为何，而不是根据我们以前的主观经验或者我们的理智告诉对方他"应该"觉得如何，我们需要把自己的价值观、标准暂时摆一边，不去批判对方的感受，尝试进入对方的主观世界，从对方的角度去了解其感受。

同理心有两个要素，一是对他人情绪的认知，亦即知觉技巧（perception skill），另一个是对他人情绪的反应，亦即沟通技巧（communication skill）这两种技巧都需要对他人所经验到的情绪有真正的了解（曾端贞、曾玲民，1996）。其中知觉的技巧又会受到下列因素的影响：（1）我们在相同情境的经验；（2）我们对该情境的想像；（3）我们对他人在相同情境的观察。如果我们能假设自己正在经验对方所经历的事情，我们就比较能感受对方的感觉。此外，也可以通过脸部表情敏锐的观察，去感觉对方的心情、感受。家族治疗大师萨提尔认为，每个人外显行为的背后其实都还有一座内在冰山，也就是我们显现出来的行为表现只是冰山的一角，其实底下还有感受、感受的感受、观点、期待、渴望、自我价值等，所以我们可以从这些不同角度来更深切了解另一个人，而不会只限于外在表相。例如，当我们被他人指责，我们可以发现他是生气的或者生气背后有着失望的心情，因为他期待可以更好、渴望可以得到更多的关心等。所以当面对他人的指责时，我们不需要直接反应，跟着顶撞、骂回去或者生气不理，我们可以从他内在的感受、观点、期待、渴望去同理他。例如，"我知道你真的对我很生气""这件事情让你很失望""似乎你期待我能完全照你的意思做""这件事情搞砸了也让你觉得自己很不好"，等等。

同理心与同情心是不同的，你可以同理一个人，了解他的感受，但若你是同情一个人，你可能是为他感到难过，心情跟着受影响。同理心是：我了解你的难过，我关心你难过的状况，可是我不需要跟着你一起难过。同理心可以包括两个部分：简述语意（paraphrasing）与情感反映（emotional reflection）。简述语意就是将对方所说的话用你自己的话简单扼要地说出，主要是让对方知道你可以了解他的意思。情感反映则是将所知觉到对方的情绪或感受恰如其分地告诉对方，由此可知你只是单纯地告诉对方"我了解你的心情"，并不是真正的同理，而是要告诉对方你感受到他的情绪是如何的，加上简述语意是让对方清楚你听到的内容，这样的同理将可帮助对方更深入某种情绪或者比较清楚自己的感受。比如说，当同学抱怨老师很偏心时，我们可以整理摘要他所说并将其情绪说出，如"看到老师对某些同学比较好，让你有点生气"或"你很生气老师的不公平，给喜欢的学生分数比较高，却没看到你也很认真、很努力"…这将可以让朋友去体验自己的感受，而不会流于一般的抱怨。

同理心的反应可以先采用"因为……（事实内容简述）你觉得……（情绪字眼）"的句型，然后再以平常自然的口吻说出你体会到的感受。

因为………："因为你已经很努力地念书了，结果期中考试还是考不好。"

你觉得……："你觉得很挫折""你觉得很难过"。

同理心反应："你已经那么努力了，结果期中考试还是考不好，你一定很挫折。"

面对他人的情绪，若能做到倾听同理那就非常足够了。有些人可能不会直接向你表达他的感受，你可以邀请他分享"你看起来好像心情不太好，怎么了？"如果对方愿意将心事与你分享，那么你就做个积极的倾听者；如果对方只是告诉你"没事"，那么你也不要强迫对方一定要分享，让对方也可以保有隐私的空间；如果你真的担心他的状况，你还是可以表达你的关心："我看你好像有心事，我蛮担心你的，如果你想找人聊一聊，我很乐意陪你的。"别人心情低落时，我们不需要急着为他做什么，只要先让自己轻松专注地倾听，有时给予同理，等对方情绪和缓之后才需要再想如何解决问题。总之，先处理情绪，接纳对方的情绪，让对方有机会充分表达内心的感受，当对方情绪和缓之后，他就有能力去面对并解决自己的问题。有情绪时我们给予倾听同理，等情绪过了我们才需要邀请对方一起来思考问题解决之道。因为情绪常因情境不同而变化，同样的情境所引发的感觉也会有个别差异，加上个人的经验不同，因此培养对他人不同感受的尊重与接纳是极重要的学习。

第四节　人际冲突的解决

人与人相处免不了有意见不合或感情不睦的时候，夫妻之间因为家务分工而冲突，亲子之间因为念书时间而冲突，师生冲突、同学间的冲突也普遍存在着。也许是因为缺乏适当的沟通技巧，一般人可能会在不合宜的时机说了一些不恰当的话，或是说话常不经修饰脱口而出，甚至习惯以"口头禅"的方式互动，因此，让他人感到难堪或者引发同侪的排斥与愤怒。另外有些人则是情绪控制力较差，冲动易怒，稍微不顺心就想与人争吵或者以武力解决，用来发泄自己不愉快的情绪。因此，如何有效解决人际冲突也是重要的学习课程。

我们可以从三个角度来说明人际冲突（郑美芳，1998）：

一是一种对立行为：可能是消极的冷漠、沉默抗议到严重的攻击行为。

二是一种主观感受：个人主观感觉到愤怒、敌意、恐惧、怀疑或冷漠等外显或内隐的种种情绪，如果没有"知觉"冲突存在，就不会有冲突。

三是一种互动的历程：动态的、不断改变的历程。建设性的做法可以降低冲突、改善关系，破坏性的回应将会升高敌意，引发更激烈的冲突，冲突的结果如何可说是决定于过程。

当我们遇到冲突情境时，可能会有三类的情绪反应：

1. 软弱的情绪反应：无力地低语、遇到问题时哭泣或闷闷不乐、垂头丧气、躲得远远的、向他人认输，觉得羞愧、难堪、紧张、无能、不快乐。

2. 攻击性的情绪反应：大声吼叫、发狂似地愤慨、以粗暴或嘲讽的方式说话、责怪他人、威胁、推打对方，觉得生气、懊恼、无法克制或压抑自己。

3. 冷静的反应方式：坚定但友善地说话、有礼貌地为自己辩护、表现冷静的样子、抬头挺胸、注视他人、自信、自制，觉得自己不错（李桂芬，1997）。

当然这些反应其实和我们习惯的反应模式有关，你知道你常用的行为模式吗？假设你现在正在排队买电影票，由于假日人多拥挤，而且这部片子非常好看，所以等着买票的人已经排到另一个路口。你为了买票一大早就来排队，等了将近一小时，此时有一个人突然跑到你的前面插队，这时你会怎么反应呢？

1. 觉得很气愤，可是只好忍耐，假装没看到。

2. 用攻击的语气，直接责骂对方不应该这个样子。

3.很生气，又不敢跟对方讲，所以回头跟朋友讲这个人的不是。

4.很平静地跟对方陈述事实与自己的感受。

你是哪一种反应呢？这四种反应可以归类为：

1.非自我肯定：对自己缺乏信心，不敢也不能表达自己的想法与感受，允许别人侵犯自己的权力，即使觉得权力被侵犯，也习惯当个"好人"，常用逃避或忍耐来因应冲突。

2.直接攻击：为了保护自己，通常会宣泄怒气，不管会不会伤害或羞辱对方。

3.间接攻击：无法向当事人表达自己的想法与感受，只好以间接伪装的方式来表达内心的不满。

4.自我肯定：可以直接将自己的感受与意见表达出来，客观地把所处的情境与行为描述出来，不只将自己真实的感受、意见、想法清楚表达出来，也可以聆听对方的意见，共同讨论。

曾端贞、曾玲珉（1996）则认为有退缩、投降、攻击、说服、讨论等五种处理冲突的主要模式，分述如下：

1.退缩

身体或心理上使自己抽离冲突的情境或者假装问题不存在。这样的方法有时候有用，如在对方情绪激昂时需要先降温，让彼此冷静理性思考一下；或者两人的关系并不重要，并没有需要来解决冲突，也可以采用退缩逃避的方式。

2.投降

放弃自己的权利，抱持"好吧，你说怎样就怎样吧"的态度来避免冲突，但是这种压抑退缩的反应也有可能更激怒对方。

3.攻击

运用身体或心理的胁迫来达到目的，而且常常会变成输赢之争，冲突之原因反而变得很模糊，为了要赢，批评、咒骂、威胁与讽刺等方法都用上了。

4.说服

试图改变别人的态度或行为，让对方接受自己的意见，愿意妥协退让。

5.讨论

针对问题公开讨论，平等客观地表达问题，坦诚面对自己的感觉与信念，并对问题的解决持开放的态度，以达到双赢的局面。

我们可能会在不同的场合或者针对不同的对象采用以上几种不同的冲突解决模式，其中当然以彼此合作讨论，找出双赢的解决之道是最好的，但是因为在冲突情境中，我们常常只想到自己或者觉得要维护自己的权力或价值，而不愿意退让，但是如果两人沟通时可以对事不对人，彼此之间平心静气表达自己的意见、想法或感受，同时也愿意倾听尊重对方，彼此可以互信互谅，就可以解决或降低冲突。

最佳的解决冲突的过程包括"暂停—思考—行动"三个步骤（李桂芬，1997），分述如下：

1. 暂停

在面对冲突时，先不急着反应，而是冷静下来，积极倾听，问问自己：

现在发生什么问题？

我感觉如何？

其他人感受如何？

我希望产生什么结果？

2. 思考

问自己"我能做什么？"脑力激荡想出不同的解决办法，如

告诉对方自己的立场、感受与想法。

和蔼地询问理由。

讨论磋商。

请求第三者协助。

离开。

要求对方改变或放弃。

打斗争吵。

其他。

同时也想一想，一种解决方式会带来什么后果，你选择的方式会让对方有何感受。

3. 行动

采用一个最好或最能接受的方式。

总之，当我们面对人际冲突时，不要马上就防卫自己，直接针对对方的指责或言行给予反应，太快的直觉反应通常都是情绪化的反应。我们要学习先让自己冷静下来，搞清楚状况，弄清自己或他人有什么感受？什么缘故让彼此有这种感受？当我们清楚彼此的内在想法感受，才不会陷入冲突旋涡中，而能正确地因应真实状况。

第五节　情绪混淆与情绪疏离

我们若能敏感地觉察他人的情绪，适当地接纳他人的情绪，将可帮助彼此关系的联系。若是我们太容易受到他人情绪的感染，看到朋友难过你就跟着难过，看到别人生气你就跟着愤慨，那么你就得花些时间想想"我是怎么了？"可能有两个因素：一为本身有一些未完成事件，所以他人的情绪刚好也引发了我们自己内在隐藏的感受；另一方面也可能是我们本身与他人的界限不清，所以常常受他人情绪影响。

根据心理学家茉勒（Mahler）的理论，她认为个体的发展可以分为几个阶段：自闭阶段、共生阶段、心理分离—个体化阶段、客体恒存阶段。换句话说，当我们在共生阶段时，我们与他人是不分的，所以当别人感到痛苦时，我们也会觉得那痛苦是我们的，所以也跟着痛苦，所以你若去育婴室看过婴儿，你会发现当一个婴儿哭泣时，接着其他婴儿就会跟着一起哭。等到个体经过心理分离—个体化之后就会区别自我与他人的不同，并且发展出独立的自我感，所以当别人感到痛苦时，他就很清楚那是别人的痛苦，不会跟着感到痛苦，反倒是去安慰他人，减轻他人的痛苦。因此，个体要发展出独立的自我，与他人能保持清楚的心理界限，如此才不会陷他人的情绪旋涡中。

我们是否可以发展独立的自我，通常与我们和重要他人（通常是父母）的关系有关。心理学家指出，青少年阶段更是发展自我认定的重要阶段，需要学习解开与父母紧密的心理联结，学习在关系中寻求自主与联结的平衡，才有可能建立自我认定。包温（Bowen）指出家庭是一个情绪系统，在此系统内有两股力量存在：一为一体感或亲密的力量，另一为个体化或自主的力量，家庭成员就在这两股力量中寻求平衡，而呈现出自我分化的程度。自我分化高的人较能平衡理性与情绪，遇到问题时比较能客观思考以避免情绪力量过于泛滥，而能有效因应。相对地，自我分化低的人则容易受情绪所左右，常被周围的情绪所影响或控制，常常以他人的看法为自己的观点，在与他人的关系界限模糊，在情绪上过度依附他人，产生不适当的情绪反应。

有时候个体为了逃避关系中的情绪混淆或者过度亲密，将会在情绪上和他人保持距离或过度疏离。此种人并非没有情绪，但是他会尽量压抑情绪或是避免讨论任何有关情绪的话题，因此，对他而言很难说出情绪的字眼，容易流于分析或超理智。久而久之，他可能无法接触真实的感觉，常让自己过度忙碌而无暇思考、感受。

然而在我们的社会中常常可以看到情绪混淆的现象，如亲子间的"拖累"现象，亦即子女常常为了父母牺牲自己，父母也用自己的情绪去控制子女，亲子之间是黏结的，不允许有不同的意见或想法。由于中国式的孝道及严教观，中国父母对子女之事多加以干涉、控制，或对子女过度关心、过度保护，或者认为顺从才是孝顺，以致有些子女就像藤蔓一般，需攀附父母才能生长，无法独立自主；相对地也有些子女则亟欲脱离父母，欲割断脐带做大人，为追求独立不惜破坏和谐的亲子关系，又因过度强调独立反而造成疏离的情形。所以在这种亲子关系中成长的个体，变得在其他关系也会呈现相同的模式，不是与他人情绪混淆就是刻意保持情绪疏离，无法建立真正亲密又自由的关系。因此，要发展出清楚的人我界限，不陷入情绪混淆或者情绪疏离中，需要有相当的自觉与努力。当我们过度为别人的情绪负责，过度因为他人的情绪而严重影响到自己的生活，那么就要提醒自己，是否也该学着放下（let go），先弄清楚自己所想、所要，看清自己在关系中扮演的角色，也理清自己在关系中习惯的模式，如此才有机会避免与他人的情绪纠缠共舞，避免在关系中失去自我。当然这样的努力需要有安全的依附关系为后盾，所以有重要的知己好友或父母师长的支持，将会有更多的勇气跳出原生家庭的窠臼，学习建立界限，而拥有清楚独立的自我。

情绪在人际沟通的过程中扮演着重要的角色，借由情绪的表达可以抒发自己内心的感受，可以让别人更了解你，也可以了解别人，与别人更真诚地相处而能让彼此的关系更加亲密与稳固。要有效地表达情绪，增进彼此的关系，就需要先觉察自己真正的感受，并且选择适当的时机表达，清楚具体地告诉对方我们心里的感受，而且在说的同时，要以"我信息"为主，才能真正将心里的感觉与对方分享，而避免落入指责或控制的陷阱里。此外，当我们遇到他人向我们表达情绪时，又应该如何面对呢？一般人常有的反应就是辩解、找借口解释或者急着安慰对方、给一些建议等，但是当对方感受不到了解与关心时，任何的话语可能都是更加让对方有不好的感觉，并由此而加深彼此的冲突或者拉远两人的距离。面对他人情绪的最好方式就是积极倾听与同理，专注地聆听对方的心情，包括语言与非语言的信息，去感受对方真正要表达的感受或想法，将对方的心情反映回去，尊重并且接纳对方的感受，表达自己的了解与关心。换句话说，就是设身处地感同身受，然后借着同理倾听给予适当的回应，而不是针对对方的情绪直接防卫或者反应。尤其是在面对人际冲突时，我们要以自我肯定的态度直接表达我们的感受与想法，客观地将造成冲突的缘由描述出来，同时也让自己冷静下来倾听对方，彼此了解心中的想法与感受，才有机会坐下来好好地讨论与思考解决之道，以达到双赢的局面。

在与他人相处时，情绪难免会互相感染，但是如果你经常受别人的情绪严重地牵动，因为他人的心情不好，以致自己每天也很难过，那么就要好好地看看自己是否与别人过于黏结，在关系中失去了自我，以他人的喜怒哀乐决定自己的喜怒哀乐呢？或者你为了避免让别人的情绪牵动，所以习惯让自己没感觉或者压抑自己的感受，阻隔自己去感受别人的感受，习惯用超理智的方式来处理情绪，那么你可能也陷入"情绪疏离"的状态中，而无法与人建立亲密关系。其实在与他人的相处关系中，我们一直在学习着调整彼此的心理距离，让自己可以在维持亲密关系的同时也能保有自己，也唯有在找回真正的自己之后，才有可能与他人建立真正亲密的关系。

第九章　青少年情绪障碍与处置

每个人都会有不同类型、不同程度的情绪，而分辨正常与异常情绪表现的方式之一就是判断其被抑制或表现出来的程度与频率。举例来说，在某些状况下，我们可能会觉得很焦虑，然而如果焦虑变成经常性的，完全支配日常生活，那就是不健康的；大部分的人可以表达爱、表达情感，如果有人不行，那么他也是反常的；相同的，生气是正常的，可是因此导致毁灭自己或伤害他人，那就是异常行为。总之，适宜的情绪起伏是健康的，然而情绪不合宜的表现，如过多或过少的情绪表现或者情绪表达与情境不相干等，则可能会有情绪困扰的问题。

本章将聚焦在与情绪有关的心理疾病，包括情感性疾患（affective disorder），如忧郁、躁郁等，及焦虑引起的症状，如恐慌症、强迫症等。然而在阅读本章之前，先要记住一个重要的概念——就是有某些现象可能和你的经验与感受一样，但并不表示你就是得了精神疾病，还需仔细检视你的症状持续时间，是否影响正常生活功能与情感的本质等问题，才能有效诊断。所以当某人沮丧、心情低潮、整天闷闷不乐时，并非表示其就是患了忧郁症，顶多只是他最近比较忧郁而已，诊断须由专业的医生来进行，我们不能够到处给人乱贴标签。如果你也确实发现或者担心自己有一些问题，那么也不妨去找辅导老师或其他专业人员协助。

第一节　情绪异常

一般"正常"的情绪有几个特征：由适当的原因引起，反应强度和情境相当，以及情绪反应将视情况逐渐平复。若是不健全的情绪反应（强烈或过于持久）将有害个体适应。此外，不表达情绪、一味地压抑情绪也有害心理健康。情绪异常与否，应视现实情境而定，如在危机情境下个体表现焦虑情绪系属正常，但如危机情况消失，而个体仍持续长期焦虑，则属情绪异常。情绪异常可以从以下几个向度来看：

1. 有些情绪过于极端（toomuch, toooften），如长期陷于忧郁、焦虑、生气、兴奋等某一情绪中。

2.有些情绪没有或太受限制，如不会哭、不会表达爱、不会生气等。

3.认知、感觉、生理与行为之间没有联结，如莫名其妙地沮丧、生气、难过、情绪高昂等。

因此，在一些精神疾病范畴中也包括情绪异常的特征，如精神分裂症患者可能在该哭的时候大笑，在该笑的时候却又大哭，情绪表现不符事实常态等或者感到莫名的生气、难过等。至于边缘性人格异常的人则容易陷入爱恨的极端，所以对同一个人他可以爱到最高点，将对方理想化；但是一转眼，也可能极端贬抑对方，恨死对方。反社会性人格异常者则有太多的攻击与愤怒。除此之外，还有一些精神疾病就是因为太固执于某种情绪而造成的，如情感性疾患或焦虑疾患等，这些严重的情绪异常表现可称为情绪障碍，包括过多的情绪反应，如广泛性焦虑症、恐慌症、畏惧症……或者情绪极端变化太强，如躁郁症等。

由于情绪障碍的定义众说纷纭，广义而言大多数的行为问题与情绪均有关联，根据凯伊（Quay，1979）的分类，他将情绪障碍的小孩分为四类：（吴筱琴，1991）

1.行为异常：反抗权威、残酷、具攻击性、好动、不安、精力充沛、粗鲁、破坏性、暴怒、威胁弱小、爱说脏话、没有罪恶感、否认犯错、不负责任、爱吵架、狡猾等。

2.焦虑—退缩：包括害怕、紧张、内向、害羞、胆小、与人隔离、没有朋友、沮丧、伤心、敏感、易受伤害、容易困窘、自觉低人一等、感到没有价值、缺乏自信、容易灰心、沉默寡言、经常偷偷哭泣。

3.不成熟：注意力不集中、爱做白日梦、笨拙、协调性差、心不在焉、被动、慢吞吞、缺乏兴趣、漫不经心、没恒心、无法完成工作。

4.社会攻击：结交不良分子、结伙偷窃、逃学旷课等。

广义来看，所有的问题行为几乎都与情绪有关联；若狭义地从临床心理学来看，可以将情绪障碍界定为各种与情绪直接相关的心理疾病。我们偶尔的情绪低潮、郁闷、难过、失望、无助、沮丧等或者是情绪高昂、兴奋得意等情绪的起伏都是正常的，然而对有些人而言却经常产生与事件不成比例的极端或不合宜的情绪反应，而且完全无法掌控，甚至进一步危害到正常的生活，那么我们就将之称为"情绪障碍"。因此，以下我们将提到一些常见的情绪障碍，包括情感性疾患与焦虑疾患。

第二节　情感性疾患

爸妈发现芸芸自从期中考试之后个性有些改变，变得更加沉默，不想和家里的人多说几句话，一点小事便会暴怒，不但功课退步，以前喜欢的休闲娱乐，像看电影、逛街、听音乐等，现在她都缺乏兴趣了。爸妈也发现她越来越自卑，老是觉得自己不好，常常认为家人、同学在说她的不是。这种情况持续一阵子之后，某天，芸芸竟然在房内企图割腕自杀，幸好发现得早，及时送医院才救回一条小命。经过精神科医师诊断后，发现她得了抑郁症。

情感性疾患指的是在一段期间内有明显的情绪改变，可能是极端的难过，或者极端的兴奋，或是两者兼具。一般的症状会呈现在睡眠形态、日常活动的改变、活力的改变、饮食、心情、自我价值、思考方式、说话方式、性行为与人际关系等。情感性疾患可以简单分为忧郁症与躁郁症两种，其中，忧郁症是一种最常见的情绪障碍，虽然也会有思想及行为等其他方面的变化，但都是继发性的，主要的问题是情绪低落，生活对他们突然失去了原有的意义，一切都呈现灰色，他们会放弃所有从前喜欢的活动，同时变得非常悲观，内心充满了"绝望"的感觉，脑子里时时浮现着"一了百了"的自杀念头，而严重的忧郁患者真的会自我伤害。

完美主义的来源可分为自我导向型的完美主义（self-oriented perfectionism）与社会规范型完美主义（social-prescribed perfectionism）。自我导向型的完美主义对自己设定高标准，并严厉地评价，容易苛责自己的行为，具有极高的抱负水准，通过自己的努力来达成完美，并有避免失败的强烈动机，容易自我责备，所以不良适应的指标是焦虑与忧郁。社会规范型完美主义的人常觉得重要他人对自己有很高的期望，而自己则必须符合这些标准，以博得别人的赞赏，于是努力符合社会的期望，避免遭到别人拒绝。当知觉到这些标准过高、不可控制而失败时，就会产生像生气、焦虑、忧郁等负向情绪（Blatt，1995）。

完美主义者会经验到忧郁的状态就是因为一再地批评、攻击、贬抑自己，而经验到羞耻、罪恶、失败、无价值感等。所以检视一下自己是否过度追求完美，是否一直看不到自己的努力与优点，会很有好处的。放下完美主义，放下对自己的不合理要求与期待，懂得欣赏自己的努力，制定适当的目标，才能健康地生活并且真正自我实现。

忧郁的心情是普遍易有的，但是心情低落并不等于忧郁症。若患了忧郁症，不只是情绪会低落、感到不快乐及对任何事情都会失去兴趣，思想也会变得非常负面，无论是过去、现在及未来的事物都以否定、悲观的观点看待，觉得每件事都不好。其次，记忆力衰退，思考能力、注意力减低，变得犹豫不决，还有失眠或整天嗜睡的现象，言语变得迟缓、表情呆滞、食欲减低、体重减轻、整天无精打采、疲惫不堪。此外，跟死亡有关的意念经常在脑中徘徊，常常无缘无故感到伤心而哭泣，经常感到愧疚，觉得自己一无是处而有轻生的念头，有时也会很焦虑、坐立不安，变得很激动，最主要的日常工作及处理人际关系的能力完全退化。

由于情绪对个人的思考与想法会有重大的影响，因此，在忧郁期间，患者常常会陷入失落或是失败的回忆中，经常会被负面的想法所捆绑。常有的典型想法就是认为自己没有价值、没有人真正关心自己、世界是可怕的、父母讨厌自己，会经常自责已经发生的事情，觉得非常无助，认为无法改变处境，也不认为未来会有任何改善，不抱任何希望，而且由于忧郁的情形可能会延续数月或更久，因此会严重影响个人的自我价值，而有死亡的念头或者想要自杀了结。

我们归纳出忧郁症的症状至少有以下几种特征：

持续性的悲伤、焦虑或空虚的情绪。

悲观与绝望的感觉。

过分或不合宜的罪恶感、无价值感和无助感，每天疲劳、失去活力。

对曾经的嗜好和活动失去兴趣。

失眠、早醒或睡眠过度。

食欲不振以致体重减轻，或饮食过度以致体重增加，活动量减少、疲倦、动作变迟钝。

有死亡或自杀的念头，有企图自杀的举动。

坐立不安、容易激动。

注意力难以集中、记忆力减弱、难以做决定。

不过并非所有忧郁症的人都有以上的所有症状，根据呈现出来的症状轻重，还可以将忧郁症分为两种类型，亦即轻郁症（dysthymia）与重郁症（major depression）。

轻郁症是一种慢性忧郁，会经常感到忧郁或者心情低落、感觉无望，而这种情形至少持续两年，即使有几天或几周心情好转，但是大多数的日子仍由忧郁主控。通常患者不会失去功能，但是无法精神饱满或精神愉快地从事日常活动，心情沮丧，觉得做什么事都提不起精神来，或自觉是机器人，被迫做一些事情，至少会呈现以下几个问题：饮食失调（没胃口或暴饮暴食）、睡眠失调（失眠或睡太多）、常觉得疲劳、没办法专心、无法做决定、无助感，这种现象若不接受治疗甚至可能持续数年之久。

重郁症则是整天持续不散的悲伤、焦虑或忧伤，觉得人生无望、自己没有价值，对各种活动丧失兴趣，食欲减退，有时连起床、吃饭也得强迫，显著地体重减轻，睡不安稳（易醒或昏睡），注意力涣散，记忆减退，动作迟缓，强烈倦怠感，一早醒来就觉得疲倦，动都不想动，易怒、爱哭，又常有自杀念头。严重忧郁的人随时都会有绝望、无助、悲哀或苦恼的感觉，对自己的不满意从自厌变成自恨，自觉是个可恶的人，不值得继续活下去。而这种自责常常是缺少事实根据的内疚，认为自己做错了什么事，害了大家，患者自责的事情可能都只是事过境迁的小事，但患者却耿耿于怀。如果想要以讲理来说服病人，是不可能的事，因为这些烦恼、自责、罪恶感等，都是随着忧郁的情绪而来，所以不等情绪恢复正常，是不会有所改善的。

忧郁症对个人最可怕的后果是"自杀"，根据统计，2/3 的忧郁症患者有自杀的意念，而大约 10% 的忧郁症病患者会自杀。一旦忧郁到一定程度，患者会有"活着一点都不快乐，不如死了"的念头，对"死"这意念，会想得越来越多。但是最严重的忧郁症患者通常都没有意志力及体力来实施自杀的计划，反而是治疗病况有改善、意志力及体力恢复到一个程度后，才会实行自杀计划，这种情形我们称为"不合常理的自杀"（paradoxical suicide）（Sarason & Sarason，1993）。所以在治疗忧郁症患者时，最重要的是要先了解病人忧郁的程度；特别要问清楚患者是否有厌世倾向，是否有自杀念头，是否想死或是否会偶尔想死，或者有强烈的求死欲望，计划用哪一种方法自杀，或是已经试过哪些方法等。假如忧郁症严重发作，有自杀危险的倾向时，最好即刻住院或有人随时陪伴在侧，以减少自杀之可能性，并且需要尽早进行治疗。

另一类型的情感性疾患就是躁郁症，它又被称为两极性情感异常（bipolar disorder），是一种情绪低落与亢奋或躁动等症状周期性交替出现的疾病。在情绪低落时会出现所有忧郁症状，在躁动期则会有以下几种症状：持续不当的情绪亢奋、不当的易怒状态、睡眠需求减少、夸大的意念、比平时多话或不能克制地说个不停、思想不连贯、意念飞跃、活动量大大增加、注意力分散、对自己的能力有不切实际的信心、行为冲动、失去自我控制能力与判断力、过度从事可能带来不良后果的活动（如无节制的大采购、轻率的性活动、愚昧的商业投资等）。

自杀常是因为无法适应心理及环境状况而引发的一种行为，自杀和情绪有极大的关联，常常是因为陷于沮丧、忧郁、无助、失落的悲伤或者生气所致。若能对自杀问题有深一层的了解，我们也可以提早有效预防，防止更多的悲剧产生。

想要自杀的人可能是因为遭遇一些严重打击或失落，如亲人死亡、失恋、失败或者自尊心丧失，如遭父母责备觉得没面子等而造成忧郁的状态，因而想要自杀；或者觉得生活很痛苦，没有其他路可走，只好以自杀来寻求解脱；有时也可能纯粹就是一种求救信号或者是一种操纵行为。总之，自杀背后的动机包罗万象，我们仅能将外显的因素归纳如下（艾伦，1987；赵达珉，1993；谢荣坤，1995）：

一、家庭问题

家中成员之间沟通不良，或父母婚姻失和、家庭破碎，父母管教过当，甚至是家庭暴力等这类亲子缺乏亲密的互动关系或父母对子女关心不够，常让子女有不被需要、疏离的感觉，而这些问题都有可能造成青少年心理不适应，采取自杀行为。其实，家庭对个体的影响很大，父母和孩子的相处时间，"量"固然重要，"质"更重要。父母应该重视相处方式和态度，让家庭成员之间体会彼此互爱与关心，建立亲密关系。

二、同侪问题

青少年若得不到同侪的认同，没有归属感，就易导致孤独、落寞，心事无人可倾诉，如此一来，会觉得自己是"多余的"，活着没意义。当有情绪方面困扰，却无人可商讨分忧时，也可能会钻牛角尖，想不开而自杀。同侪关系的困扰有时是因为个性过于内向，无法打进同侪团体中；有时困扰则来自与好友的价值观，或对事的态度观念不同，发生冲突。

三、突发事件

当特殊的人生危机发生时，极可能牵一发动全身，而引发企图自我伤害的动机。较常见的突发事件，如亲友的亡故、与父母兄弟的争吵、与朋友决裂、父母财务逆转、与老师有过节、转学、退学、受伤或生病、成绩不及格、失恋和经常搬家。不要小看一个事件对青少年可能造成的冲击，因为重要的不是成人对事件的看法，而是青少年的感受。在生活事件中，又以失落最具影响力。这种失落可以分为实质上的失落，如生命中的重要他人过世，会造成青少年的失落感，以为自杀能让自己与死去的重要他人重聚，或者失去心爱的宠物、具特殊意义的物品，也会使青少年一时冲动而自杀。另外，象征性的失落也会造成心理不适，这种失落感来自内心。例如课业持续挫败，青少年常常感觉父母给他们的课业压力过大，所以会将课业的挫败解释为生命全面的失败，即使功课好的学生，也会因完美主义作祟而有挫败感，不断责备自己。有这种感觉的青少年，若认为自己无法改变现状，就有可能自杀。

四、健康因素

患有疾病者自杀比例也较高，尤其是患有慢性疾病或不治之症者，不但自己要长期忍受生理及心理之苦，也造成家人不便，因而寻短。或者是患有精神疾病者，如精神分裂症、忧郁症等，自杀死亡的比例高出正常人很多。精神病患者自杀通常与其症状有关，当他受到妄想或幻听控制时，或因此而引起心理恐惧时，就会结束生命。

五、个人的性格

（一）自我要求高、挫折容忍度又低的人

此类青少年亟欲独立自主，但其处事应变能力尚属学习阶段，缺乏经验，对自己的要求特别高，却又缺乏挫折忍受度，很容易因做不好就想借自杀解决问题。

（二）攻击性强的人

此种青少年常有意或无意地伤害他人或自己。

（三）任性易冲动的人

此类青少年亦会因一时不满而自杀。

（四）消极的生活态度

此类青少年对生活抱持消极态度，认为自己无法改变现状，以为自杀可以解决问题。而他们对自己本身、自己未来，及这个世界的看法均偏向负面悲观。

六、社会因素

（一）媒体误导

青少年正值自我追寻阶段，极易受同侪及媒体影响。让人担忧的是，部分传播媒体剧情中关于自杀行为的描述，容易让青少年产生错误的观念，从而仿效。

（二）孤寂感

社会是由一群人组成的，当个体身处其中，却感觉与其他成员之间有隔阂，就会产生社会疏离感而感到孤寂。一旦个体遭遇困难，有心理困扰，却无法想到任何人可

以协助的话，会加重个体绝望的感觉，而想自杀。

（三）接纳自杀

现在的青少年接收到自杀消息的来源较多，接触频繁的结果是，让青少年不把自杀当一回事，觉得没什么；或者对于他人以自杀解决问题表示认可，面临困境时，就可能也采取自杀行为。

（四）流行风

当同侪团体中的重要人物或青少年崇拜的偶像自杀时，容易引起团体中其他青少年跟进。

其实，除了少数例外，绝大多数自杀者在自杀前或多或少会表现出警示信号，以下是一些可能的线索（陈锡铭，1994）。

1. 语言、文字上的线索

青少年会有意无意地透露出想死的念头，例如询问有关来生的事情、询问有关自杀的问题，"用何种方式自杀最容易死"；与别人讨论"死亡"时，透露出不正确之死亡概念；直接表达死亡意愿，如"我活着没意义""没人关心我的生死""我好希望我死了""以后你再也看不到我了""我以后不会再来烦你了""没有我，大家也许比较好过点""死是一种解脱"等；也可能会撰写一些和死亡有关的诗、散文、杂记等。

2. 行为上的线索

（1）突然的、明显的行为改变：例如活泼的学生变得很退缩。

（2）学习上发生问题，如成绩大幅滑落。

（3）将自己心爱或贵重的东西送给他人。

（4）脱离人群，孤立自己。

（5）突然增加酒精或药物的滥用，甚至服用禁药或者是吸烟量激增。

（6）曾经试图自杀（80% 自杀成功的人都曾自杀未遂过）。

3. 环境上的线索

该线索指青少年所处的环境发生极大的变动，使他穷于应付；或者因遭受挫折，缺乏忍受力，而使压力增大。

（1）某个重要人际关系结束，如与好朋友分手、双亲离婚或死亡、亲密的手足长期离去或死亡。

（2）家庭发生大变动，如财务危机、搬家等。

（3）个人对环境的不良适应，并因而失去自信心。

4. 并发性的线索

这一类的线索可说是前述三者的延伸，包括：

（1）从社交圈中退缩下来，或本来就显现"退缩—缄默"的特性，此特性可由五方面来评估：倦怠感、沉默寡言、对自我有负面评价、人际关系不良、问题行为。

（2）显现忧郁的情绪，对许多事情失去兴趣。过去有关自杀的研究发现，忧郁的情绪与自杀息息相关。关于青少年的忧郁状态，可分自我价值降低、无助、退缩、忧愁等四个范围做评估。

（3）显现出不满的情绪，抱怨次数增加，甚至爆发攻击行为。青少年会因为内在的紧张、不满，而拒绝或报复外在压力，有关此项线索的评估可分两部分：

紧张的情绪：包括害怕、罪恶感、个性问题、行为问题等四项。

攻击行为：包括破坏或攻击行为、不合法或不守秩序的行为、人际关系问题、行为问题、情绪问题等五项。

（4）睡眠或饮食习惯变得很混乱，经常显得很疲惫的样子，身体常有不适的感觉或有反应性、突然性的大病或长期的慢性疾病等。

对于有自杀倾向的人，我们可以做什么呢？当一个人在面对生与死的选择时，通常是很彷徨的，他们如果发现有人能了解他们，帮助他们解决问题，那么他们多半会放弃选择死亡。所以针对已有自杀具体行为或动机的人，应进行危机处理的介入，包括提供立即的情绪支持与关怀、表达关心。

当一个人处于情绪上的危机时，最需要的便是有人愿意听他说话，在与企图自杀者沟通时，要避免错误的保证，如"一切事情都会好转的"，并且不要批评他所说的内容或衡量其道德尺度。我们要做的只是听他诉说并接纳他，鼓励他将内心的感受与想法尽可能完整地表达出来，帮助他了解其自杀的真正动机，协助他体认自身的价值，然后试探各种选择。大多数自杀者的思想较僵化，认为自杀是唯一方法，所以要鼓励他尽量去想其他可能的办法，共同寻求解决之道。

总之，想自杀者通常是因为卡在某个情绪中出不来，所以若有人可以了解他的感受、接纳关心他的感受、陪伴他，那么就有机会整理内心，延缓或解除自杀的危险性；而当发现自己没有办法处理时，最重要的还是要交给专业人员介入。

第三节　焦虑症

当我们面临陌生情境或者挑战时可能都会感到焦虑，而当焦虑表现程度（强度、长度）超过情境刺激的程度许多，而且明显影响个体的生活、社交、工作、人际等功能时，那就可能是异常的焦虑症状。焦虑的症状有轻有重，表现的形式也不一样，常见的如颤抖、肌肉紧张、坐立不安、战战兢兢、易受惊吓、烦躁、心悸、胸闷、冒冷汗、口干、头晕，严重的甚至强烈到以为自己要死掉或失控，像恐慌发作就是这种状况。常见的焦虑疾患有：恐慌症（panic disorder）、强迫症（obsessive compulsive disorder）、畏惧症（phobias）、广泛性焦虑症（generalized anxiety disorder）等，分别说明如下：

一、恐慌症

"我经常在半夜惊醒、全身冒冷汗、四肢发麻、呼吸短促、心脏无力，几乎要窒息而亡，好恐怖，我好担心我会不会就这样死掉？""事情毫无预警地就发生了，那天走在路上，我突然觉得心跳猛烈地加快，又喘不过气来，整个人快要窒息，我完全失去控制，觉得自己好像快要疯掉，好像就要死掉了，那真是我这一辈子最恐怖的经验。"

由于强烈的害怕与焦虑而突然感到恐慌，有时是因为压力，但大半时候则找不到特别的理由。恐慌通常只会持续几分钟，会突然出现如心跳加快、出汗、发抖或战栗、窒息感、呼吸短促、头晕、害怕快死掉、害怕行为失控、觉得快要发疯等情形。恐慌发作完全没有任何警讯或明显的理由，来得快，去得也快，濒死的恐惧与失去控制的感觉是最令人受不了的。

二、强迫症

"有一次我拿着剪刀在剪纸片，突然我脑中浮现一个念头——我会不会拿剪刀刺死我自己，我突然好害怕，我不敢再拿剪刀或者任何尖锐的东西，我好害怕我会刺死我自己，我就是没有办法摆脱那个刺死我自己的念头，我好痛苦，那个念头一直缠绕着我，我真的不知该怎么办才好？"

"回到家里，我好怕有暴徒会闯进来，于是我检查房间的一切地方，包括床底下、衣橱里，十几分钟我就要去看一下门窗有没有锁好，我就是没有办法克制我自己，每天晚上我都没有办法好好睡觉。"

强迫症也是一种焦虑状态的呈现，强迫性思考就是持续某种令人感到苦恼的非理性想法，如持续害怕自己或心爱的人会受到伤害或者不合理地认为自己会得到一些可怕的疾病等，通常这些想法都是强势侵入、不愉快的，会带来很高的焦虑。在强迫性思考之后，紧接着而来的就是强迫性行为，强迫性行为就是个人会进行某种重复的动作，不断像进行仪式般地重复某些动作，试图驱除不愉快的想法，如不断地洗手、数东西、排东西，重复检查门窗或煤气炉等。由于强迫性行为可以暂时减轻强迫性思考带来的焦虑，也因此不断强化强迫性行为的发生。强迫症患者大部分时间都知道自己的强迫性想法是无意义或者夸张的，强迫性行为都是不必要的，但是就是没有办法停止，这种强迫性思考与行为会严重干扰个人的日常生活。

三、畏惧症

"我怕噪声，更怕救护车的呼叫声，一听到那些声音我就会变得非常焦虑不安，这一切真的太可怕了。""我害怕到超级市场、百货公司等人多的地方，我害怕会缺氧，我一看到人山人海，我就全身紧张，很想逃开。"

畏惧症是一种过度的、无法控制的害怕，可分为单纯恐惧、社交恐惧与惧旷症三类。单纯恐惧是对于特定的情境或物体感到极端焦虑，如有些人会非理性地害怕高的地方、怕封闭的空间、怕黑暗、怕飞行、怕看到血、怕蛇或其他动物等。社交恐惧症则是因为特别害怕与他人互动，尤其是陌生人或者会评价当事人的人。惧旷症就是害怕开放的地方，如各类公共场所等，所以无法出门，必须一直待在家中或者无法离开熟悉的地方。

四、广泛性焦虑症

"我真的不知道怎么一回事，有时候我就是觉得有一些可怕的事情发生了，可是明明又没有任何事情发生。我常常杞人忧天，实际上，我整天都非常紧张焦虑，我也说不出个所以然来。"

广泛性焦虑症指的是过度且持续不断地担心莫名的事物，且没有一定的对象，没有理由，无法看清事实、感受到内在或外在的威胁与危险，所以跟他们讲道理是行不通的，上述的例子就属于广泛性焦虑症。

第四节 治疗方法

有情绪困扰的人除了需要亲朋好友的关心与支持之外，最重要的是寻求专业的协助。目前针对情绪障碍的治疗以药物治疗与心理治疗为主，药物治疗需由精神科医生开处方，心理治疗则可由医生、心理师或咨商员进行。很多药物是有效的，如百忧解、锂盐等，但由于大多数的药物都有一些副作用，如尿频、头昏等，因此要有一个基本观念——服药要定时定量，有任何不舒服的状况一定要告诉医生调整药物，不要随便自己停药，否则结果可能造成病况更加恶化。此外，不论使用何种药物，在治疗过程中都需要有支持性或治疗性的心理治疗，甚至有些个案只靠心理治疗就可以有帮助，不需要再靠药物治疗，然而对于较严重的个案则必须双管齐下才是最有效果的。

心理治疗在国外是普遍被接受的观念，就像生病要看医生一样，当我们心情不佳时、遭遇困难时也需要找咨商员或心理师进行心理治疗。以下简单介绍几种常见的治疗取向对情绪障碍的观点与处置方法：

一、心理分析学派

此学派认为忧郁是对于失落的复杂反应或者是超我为了控制内心的攻击与愤怒而形成的惩罚结果，也有些心理分析学者认为因应失落时的无助感也常是忧郁的主因。至于焦虑症则是源于心理冲突与潜意识的心理历程，所恐惧的情境或物体有其象征意义，常代表过去未解决的内心冲突。而强迫症则是为了逃避潜意识中令人痛苦的想法，这些想法常常和攻击与愤怒有关（Sarason & Sarason，1993）。例如，一个妈妈不能克制地一再察看小孩的房间，因为她潜在对小孩的怨恨，让她表现出过度担心的强迫行为。心理分析学派主要是利用自由联想、诠释、移情分析等，协助当事人发现并澄清被扭曲的现实，让当事人产生顿悟，看清过去经验如何扭曲对现在的知觉。此派相信，借由对潜意识中的焦虑或忧郁来源的觉察与了解，就可以改正不当的情绪反应。

二、行为学派

此学派认为所有的异常情绪表现都是学习而来的，所以可以借由制约等方式来消除不良行为。学习适当的行为表现主要的原理就是，让当事人能习惯暴露在引发其焦虑之刺激下而不再感到焦虑，常用的行为改变技术包括：松弛训练、系统脱敏法、洪水法、示范法、自我肯定训练、自我管理法等。

松弛训练是最常被用来消除紧张焦虑的方法。由于个体进入一个紧张压力的情境时，生理方面自然地就会产生心跳加快、呼吸急促、肌肉紧张等反应，同时个体也会知觉到紧张的存在，因此松弛训练的方式就是借由身体的放松来减低紧张焦虑的程度，由外在的生理改变内在的情绪感受，主要原理是利用肌肉完全紧张之后，再完全放松，以促进心理上的松弛。

系统脱敏法是由古典制约发展出来的，认为焦虑反应是学习来的，是制约后的产物，可借着相反的替代活动来消除。此方法的进行方式是先将会引起焦虑情绪的刺激予以整理归纳，建立焦虑情境的阶层，再让个体在完全放松的状态下，想象令他感到焦虑的情境，由威胁最小的焦虑情境渐进地到达最引发焦虑的情境，每次想象时都与肌肉松弛相配合，要求个体逐渐从想象中习惯在焦虑情境中放松，最后能回到真实情境，而能进一步去处理自己的焦虑。而洪水法刚好跟系统脱敏法相反，洪水法是让个体一开始就处在最可怕的焦虑情境中，却发现并没有受到任何伤害或者预期的负向结果出现，借此来帮助个体解除先前不合理的焦虑或恐惧。

示范法是根据个体对示范者的模仿学习，来达成情绪反应或行为的改变，如怕狗的人让他看到别人如何与狗相处，而且快乐地与狗玩耍，使其不再认为狗都是可怕的。自我肯定训练是用来克服人际关系中引发的焦虑，针对无法表现生气或愤怒、很难拒绝别人、难以表达自己所想或所感的人所提供的社交技巧训练。自我肯定训练会通过教导、回馈、示范、角色扮演与行为演练、社会增强与家庭作业等方式，让个体能在实际练习中逐渐建立信心，可以勇敢表达自己的感受与想法。自我管理法则是借由自我订约、自我监控、自我酬赏等方式来产生改变。

三、认知行为治疗学派

此派认为思考的偏误、不切实际地评估某些情境，或高估其危险性等都会引发情绪障碍。例如，一个害怕过马路的人，他的内在想法可能是"绿灯时过马路是安全的，但是万一突然变成红灯或者突然有车子冲出来，那就惨了，所以过马路是很危险的"。除此之外，情绪障碍者相信以某种方式思考或维持某些仪式将可避免一些危险，所以自己在心中就定下一些规则，如别人碰过的东西不能碰、不能坐电梯等，而这些原本要用来当作保护自己的规则，常常会严重干扰到日常生活。

贝克（Beck）提出情绪困扰的认知模式，其基本理论是：若要了解情绪困扰的本质，必须将焦点放在引发困扰的事件之反应或想法上，因为个体的自动化思考决定了情绪的反应，所以要改变情绪的最直接方法就是改变不正确且功能不当的想法。临床研究指出，认知治疗可广泛应用于治疗各种异常，特别是忧郁与焦虑异常，并成功用于治疗恐惧症、心悸症、饮食失调、愤怒、恐慌异常、滥用药物、慢性疼痛与危机处理上（李茂兴，1996）。

贝克以自动化的负向思考来说明情绪困扰的原因，个体将所有的挫败经验都解释为自己的缺陷或者是自己的不好所致，而且认为这件事情将会导致很严重的负向后果。由于这种瑕疵的思考根据不正确或不充分的资讯就妄下不正确的推论，以及未能区分幻想与现实之间的关系，于是就形成一些扭曲事实真相的自动化思考方式，常见的几种不良思考方式如下：

1.两极性思考：将事情归类到两极端，非好即坏、非黑即白，以绝对化的观点来看事情，而忽略在好坏之间的其他可能性。例如，认为用功的学生就是好学生，不用功的学生就是坏学生。

2.武断推论：在没有充足的证据或资料下就下结论，如看到一群同学在一起聊天，看到你来，瞥了一眼，就不理你，于是你就觉得同学讨厌你，或者正在背后讲你的坏话。

3.选择性断章取义：只将注意力放在整体事件的某一部分，忽略了其他部分，如只在意别人对你的批评，却忽略了别人同时给予的赞美。

4.过度概括化：将某一特殊事件当作全部，将一件小事当作是整个事实，如男朋友太忙没法陪你出去，你就认为"他一点都不关心我"。

5.扩大或贬低：过度夸大或轻视事情的重要性或影响力，如认为自己期中考试好多科不及格，同学一定会轻视自己，觉得非常丢脸，无颜面对江东父老等。

6.乱贴标签：根据过去一些的失败经验或不完美来评价自己，如某件事情搞砸了，就认为自己注定就是一个失败者等。

以上这些负向的自动化思考方式将会导致不好的情绪反应，因此，贝克认为要有所改变，就必须先对自己的自动化思考有所觉察，然后练习将这些负向想法转化为正向有弹性的内在对话。

麦辰堡（Meichenbaum）也提出认知行为矫正法，认为我们对自己说的话（内在语言），将决定我们的情绪与行为。他依照内在语言对个体正面及负面的影响功能，将内在语言区分为正向自我陈述与负向自我陈述。正向自我陈述，如"我相信我有能力可以应付得很好""事情并没有那么糟""虽然不成功，至少我尽力了"，可以使我们在面临压力情境时，产生较积极的态度，对自己有信心，去计划并因应行动，对可以预见的负向结果也采取接纳的态度。至于负向自我陈述，如"我一定做不好的""我没有办法""这下子完蛋了，没救了""算了，放弃算了，我不行的"，则会让我们低估自己的因应能力，并且夸大情境的严重性，使自己产生更多的情绪困扰或行为不适应。因此，如果我们可以察觉自己的内心对话，增加正向的自我陈述，减少负向的自我陈述，并且学习实际的因应技巧，将可有效地应付问题情境。

麦辰堡强调重建认知的重要性，主张我们必须先学习观察自己的行为、倾听自己内在的想法，并学习以新的观点来看待自己的问题，以改变过去的内在对话，重建认知结构。通过自我教导训练，亦即借由正向陈述的示范教导，可学习正向的自我教导，持续练习到内化为自己的内在语言为止。他所发展出来的自我教导训练特别适用于处理跟焦虑有关的问题，如考试焦虑、人际焦虑或演讲焦虑等。此外，他还以认知治疗技术发展出有效的压力免疫训练，借着改变在压力情境下的内在对话与信念，而提高因应压力的能力。

总之，治疗的基本目标就是要让病人有病识感，清楚知道自己的状况，而且可以警觉自己发作的症状或模式，从而知晓如何因应，治疗的目的就在于减轻这些情绪障碍发作的时间与强度，避免再度复发。此外，不管是哪一种治疗取向，安全信任的协商关系一定是重要的，咨商员的处理了解与倾听将可使案主感到温暖、被支持、被尊重、被接纳，而愿意打开心结。

当人的情绪表现与当时的情境不相干或者明明没有强烈的刺激引发，但表现出来的情绪又过于极端或者长期处于某种情绪中，影响到日常生活、人际关系、工作表现等，那么就可能就是情绪障碍的表现。若是长期处于忧郁、沮丧、无助的情绪中，那么可能就是忧郁的症状，大多数的时间都感到忧郁，若持续两年之久，可能是轻郁症；若是心情低落到极点，有想死的念头，整天茶不思饭不想，丧失正常生活功能，已到悲观绝望的地步，那么可能就是重郁症。如果时而感到忧郁，时而感到亢奋，精力旺盛，可以不用睡觉，意念飞扬，常处于极端兴奋状态下，那么就有可能是躁郁症。

此外，由于持续、过度、非理性的害怕及焦虑，也会让人适应不良。有些人的焦虑是莫名地突然感到强烈的恐慌，伴随着呼吸急促、昏眩、颤抖等症状；有些人可能是针对特定的人、事、物感到极端的焦虑，亦即所谓的畏惧症；有些人则是会一再重复某些不理性的想法与仪式行为，称为强迫症；此外有些人的焦虑表现则是经常性，即使一切安然无恙，也会觉得紧张不安，那么这可能是广泛性焦虑症。

无论是忧郁或焦虑引发的各种情绪障碍，只要经过适当的药物或心理治疗，通常是可以康复的。在心理治疗方面有不同的取向做法，无论是心理动力、行为学派或者认知改变或者其他各种治疗方法，对于患者都是有帮助的；也许治疗并不能马上见效，但是持续不断地接受治疗，确实可以协助情绪障碍患者早日走出情绪的阴霾痛苦。

参考文献

[1] 余闲. 青少年情绪管理 [M]. 武汉：长江少年儿童出版社，2020.

[2] 叶惠. 青少年情绪管理: 21 天情绪管理训练营 [M]. 北京：中国铁道出版社，2022.

[3] [美] 福特. 青少年情绪管理指南 [M]. 北京：电子工业出版社，2011.

[4] 郝言言. 哈佛大学青少情绪管理课 [M]. 北京：中国法制出版社，2015.

[5] 汤晨龙. 管理好心情: 让内心不良情绪远离 [M]. 郑州：中原农民出版社，2014.

[6] 肖存利. 解读青少年心理 [M]. 北京：知识产权出版社，2018.

[7] 王韬，谈军. 青少年健康教育读本 [M]. 上海：上海科学技术文献出版社，2019.

[8] 张畅芯，李孝洁. 情绪与行为障碍的干预 [M]. 南京：南京师范大学出版社，2021.

[9] 郭德俊. 动机与情绪 [M]. 北京：首都师范大学出版社，2017.

[10] 张天清. 青少年心理自助成长 100 问 [M]. 南昌：百花洲文艺出版社，2018.

[11] 李杨. 青少年篮球发展指南 [M]. 北京：中国书籍出版社，2020.

[12] 隋君，李春燕，张凤萍. 青少年心理健康辅导 [M]. 沈阳：东北大学出版社，2015.

[13] 罗茜. 情绪化的孩子怎么教 [M]. 北京：台海出版社，2019.